企業經營的核心智慧

決策高手22招

The Wisdom of Business Competition

安略◎編著

好讀出版

前言

決策是企業的「黑盒子」，決策者則是企業的中樞神經系統。抓住決策，就等於抓住機遇，敲開了成功的大門。而高妙的決策是無法在超市裡買到的，完全儲藏在決策者的大腦之中。

古時有「獻妙策者，賞金千兩」一說，這說明領導者非常重視絕妙之策背後的價值！一個好的決策能夠救活一個企業，一個差的決策能夠損害一個企業，一個壞的決策能夠毀掉一個企業。這就是說，決策是企業在市場競爭中的核心戰術。

眾所周知，日本企業以管理取勝，而美國企業則以決策取勝。美國企業在二十世紀九〇年代的全面崛起，超過了曾一度讓美國人驚呼「狼來了」的日本企業，已充分證明了決策工作在現代企業中的重要性。一個好的決策能在絕境中力挽狂瀾，而一個壞的決策往往會使一個巨人企業在剎那間土崩瓦解。即使是排名世界五百強的著名企業，也會突然間銷聲匿跡，究其原因，正是決策失敗所致。

要成爲一個成功的企業領導，要長久地在領導的職位上站穩腳跟，只有一個辦法，那就是做好決策。決策失敗，直接負責的人是制定決策的領導幹部，受害的則是整個企業。

國外企業老闆對領導的決策工作非常重視，一旦失誤，炒魷魚在所難免。國內企業的老闆也已經漸漸弄明白了：一個不會決策，缺乏判斷能力的領導者，絕不是一個合格的領導者。

古人說「運籌帷幄之中，決勝千里之外」，看似輕鬆自若，殊不知其中傾注了決策者的多少心力！決策不是蠻力爆發，而是智慧靈光。換句話說，決策是一門嚴謹的系統科學，來不得半點「花拳繡腿」。因此本書所列舉的22條招數，絕不是危言聳聽，作爲企業領導，要想在嚴酷的市場競爭中穩操勝券，永立不敗之地，唯一的辦法就是了解這些被事實檢驗了的，被市場肯定的規律和經驗，在決策工作中小心謹愼的嚴格遵循、認眞恪守，方可使你的企業腳踏實地，步步爲營，從平凡走向輝煌。

最後需要指出的是，書中的22條決策招數不僅僅專爲企業老闆而設，凡胸懷理想，有志於成功的人士都將從中獲益匪淺。舉一可以反三，觸類可以旁通；運用之妙，存乎一心。掌握了書中的22條招數，可以使你——

在做任何事情之前都能周密地思考

在每一個重大關頭做出正確的抉擇

集中眾人的智慧為己所用

每一次「拍板」都保證是最佳方案

目次

Table of Contents

7 契機

8 技術

9 預測

10 求新

11 適度

12 穴位

第一招

摸底

做正確的事
比把事情做對更重要

一個連問題都沒搞清楚就匆匆決策的決策者，就像一個聽到呼救聲就跑去救人，卻不知聲音來自何方、發自何人的人。決策之前一定先要搞清企業的問題出在什麼地方，由什麼原因引起，一一了解清楚後才能決策。

決策就是摸清底牌。解決任何問題都需要與具體可靠的事實打交道。一旦掌握了事實，事實便能替你作結論。

——加拿大管理學家D・奧巴特

決策是管理的心臟

決策是企業生存的命根子，容不得糊裡糊塗。美國著名決策大師赫伯・西蒙認爲：「決策是管理的心臟；管理是由一系列決策組成的；管理就是決策。」因此，缺少決策，就缺少了管理的心臟。企業決策者在沒有弄清問題之前，切忌匆忙決策，否則會帶來不堪設想的後果。

作爲企業的領導者、管理者，每天要管的事情很多，但事情總有輕重之分，總要有程度的差別，管理者應該把最主要的精力放在大事上，要排除工作中的要害問題。

費爾在本世紀初擔任AT&T公司總裁，前後將近二十年。在這段時期內，他創造了一個世界上最大規模的民營企業。AT&T公司之所以有這樣的成績，主因在於費爾擔任該公司總裁將近二十年之中，非常清楚地做出四大決策。

第一個大決策：AT&T公司必須預測、滿足社會大眾的服務要求，於是便提出了「本公司以服務為目的」的口號。費爾認為，應該把服務的成果視作管理人員的業績和責任，從而，公司高層的職責，即在於組織及調整資源，提供最佳服務，並獲得適當的收益。

第二個大決策：費爾認為一個全國性的電訊事業，絕不是傳統企業。費爾把有效的

「公眾管制」視作AT&T公司的目標。這樣，一方面確保了公眾利益，同時又使公司順利經營，興旺發達。

第三個大決策：費爾替公司建立了AT&T貝爾實驗室，成為企業界最成功的科研機構之一。他這一項政策是以一個獨立性民營企業必須自強不息才能保持活力的觀念為出發點。一個企業如果沒有競爭力，便不能成長。電訊工業的技術最為重要，技術能否日新月異決定了企業的成長壯大。貝爾實驗室即起源於這一觀念。

第四個大決策：費爾在本世紀二〇年代萌生了融資觀念，他認為許多企業之所以被政府接管，多數是由於無法取得所急需的資金。為了確保AT&T公司民營形態的生存，必須籌集大量資金。費爾發行了一種AT&T公司普通股份，直到今天這個普通股份仍然是美國、加拿大廣大中產階級的投資對象，AT&T公司因而獲得了大量資金。

費爾的四大決策都與當時一般人的想法不同，但正是這四大決策使公司獲得了巨大的成功。

大企業如此，中小企業也是如此。在關鍵時刻，一個成功的決策就能使企業起死回生，而一個失敗的決策會使該企業瀕於破產。某企業老闆見到市場上水果酒暢銷，而本縣水果產量豐富，於是未作科學的分析研究，便倉促建水果酒廠。工廠還未建好，水果酒的暢銷風潮已過，因爲顧客「嘗鮮」的好奇心已經淡化，同時，鄰近縣市也冒出了好多水果酒廠。老闆出於僥倖心理，同時也爲了維持「面子」，仍然頑固堅持生產水果酒。結果，投資一千多萬元的水果酒廠第一年便虧損了一百多萬，只好廉價破產轉讓，可謂「勞民傷財」。因此，企業決策不是「嘗鮮」，而是在弄清許多問題的本質後，才確定的戰略目標。

發現問題、調查問題、解決問題

決策不是在玩吹泡泡，而是先要拿出主意，解決束手無策的問題。決策有正確與錯誤之分，尋找正確決策的前提是先看後摸再分析。

任何決策都不可能憑空產生，都要有一定的依據，這個依據就是問題本身。是要發現問題、調查問題、解決問題，爲做出決策找到可靠依據。

每個人都有這樣的經驗，以爲問題已經解決，但事實上卻一點也沒解決。舉個簡單的例子：

有一部汽車發生熄火的狀況，於是車主將車子開到修理廠。付了昂貴的修理費後，車子回到路上卻仍然會熄火。如果熄火的原因是由於分電盤的磨損引起，而所採取行動卻是調整化油器的話，那麼這部車子便會繼續熄火。問題解決之所以高明，是由於我們知曉所

有可能造成某一特殊現象的原因，然後針對最常見的原因採取對策的結果。這是大多數人處理問題的方法。

在管理工作中，決策的重要性是大家所公認的，但是人們卻把很多注意力都集中在解決問題上，主要精力都集中在找答案上。其實，這種做法是錯誤的。**在管理決策上，最常見的毛病就是只強調尋找正確答案，而忽視了要尋找真正的問題所在**。只強調解決問題的領導者往往會感到壓力，在壓力之下，決策是會變形的。

在受到壓力的情況下，我們對於狀況的判斷常失去客觀性。當情況需要我們找出一個迅速解決問題的方法時，我們便依賴我們記憶中過去所發生的事，或者依賴過去一度成功過的解決方法，這是解決問題最常見的方法。把解決過去事件的辦法搬來解決當前事件，這種問題解決方式，是一種難以打破的習慣，儘管這習慣在對於產生適當而長效的糾正行動方面，效果拙劣。

弄清問題是解決問題的前提，雖然會花費不少時間和精力，但對領導者做出正確決策是必不可少的。

一針見血

決策是企業管理的心臟。它能夠反映出領導者的眞功夫。因此，有人說，決策是領導者解剖企業的「手術刀」。

任何決策都要有針對性，不能敷衍了事，弄清問題最迅速的辦法，是找到問題關鍵。目的在解決問題的決策往往都是一些不重要的、日常事務性的戰術決策。假如解決問題必須滿足的條件和要求都十分明確，那麼解決問題就是唯一要做的事情了。除了要達到預期目的之外，還必須要最省力，且不會引起麻煩。舉個簡單的例子：

如果你想每天在公司做完事後，約人在咖啡館裡閒談，順便瞭解一些市場信息，那麼所面臨的問題便是：現在大眾的習慣和消費規則是什麼？若是決定要這樣做，那麼你就會面臨兩個需要考慮的問題：這種休息所帶來的好處能不能補償時間方面的損失？假如損失超過好處的話，那麼是不是值得這樣去做？如果到咖啡館一味空耗，那麼你的決策目的就會失敗。顯然，做出一項沒有好處的決策，肯定是愚蠢的。

當然，企業的戰術決策複雜得多，也重要得多，但它們總是只涉及到一個側面，比如說情況明白，要求也明確，唯一要做的就是找出一種最經濟的方案來利用企業現有的資源。

爲了弄清問題，經理人應該從發現關鍵問題做起。首先改變這些因素，否則就難以改變其他事情，也難以採取任何行動。

一家頗有規模的廚房用具製造商十年來把主要的管理精力都放在了降低生產成本上，結果成本的確降下來了，但是利潤卻沒有提高。對關鍵因素進行分析表明：真正的問題出在銷出去的產品組合上。公司的銷售人員只顧著大力推銷那些最好賣的產品。他們將重點放在最能吸引顧客的低價產品上。結果是，公司銷售越來越多的微利產品，而其他競爭對手們根本不將功夫花在這種產品上面。隨著生產成本的降低，產品的售價也降低了。銷售量雖然增加了，但這種增加不是增值。公司已經越來越承受不起市場波動了。只有弄清問題主要出在產品的組合上，公司才有可能解決這一問題。這也就是說，只有當你提出「造成這種狀況的關鍵問題是什麼？」這個問題時，才有可能將情況解決。

用直接分析問題的方式來找出關鍵問題，通常可以使用兩種輔助性的手段：

①設想如果不發生任何改變或變動，那麼情況將會怎麼樣？

②把問題倒過來看，可以這樣問道：當問題首次出現時，如果我們做了點什麼，或者什麼也不做，那麼將會對當前的情況發生哪些重大影響？

有這樣的一個例子：

一家化工廠的常務副總裁突然去世，需要找個人來接替他的職務。大家雖然知道是他創立了公司，但也一致認為他是個專橫跋扈的人，公司裡稍有些獨立思想的人都被他給趕走。因此，管理層覺得，他們要在這兩者之間做出一個選擇：要麼乾脆讓這個職位空著，要麼就找個同樣強有力的人選來接替這位副總裁的工作。如果讓此職位空著，由誰來管理公司？假如找了個同樣的人來接替，那麼他會不會又是一個霸道的人？

倘若提出「什麼都不做，將會怎麼樣？」的問題，我們不難看出問題在於必須要給公司安排一個最高管理者，而且必須要採取行動。如果不採取行動，機構失去了最高管理者，公司遲早會垮臺。

這一分析使我們明白，企業管理層不僅是權力機構，而且直接關係到生產結構，一定要在企業人事工作中安排好權力過渡，避免給大家造成突然的斷層感。

只要找到關鍵，再複雜的問題在領導眼中也會變得簡單明瞭，決策起來也就輕而易舉了，因爲他能「一針見血」。

不要白費力氣

做決策是要花大力氣的，但不能把力氣用在無關痛癢的地方，那就是白費力氣，所以做決策時，必須弄明白決策所要解決的問題是不是眞正的問題。

下面是一些典型例子，涉及到許多問題：

「從我們引進電腦那一天開始，我們在保持存貨平衡這方面便一直遇到麻煩。我就是不能明白為什麼會這樣。」

「老李被人稱為是一名傑出的工程師，然而他在這個部門，卻沒有達成我們的期望。」

「我們的第十一號機器，產量始終達不到其設計產量的百分之八十，不管我們怎麼試都一樣。」

「有時候，我們可以很順利地符合進度；有時候，則一點辦法也沒有。為什麼會有這樣的差異，似乎一點理由也沒有。」

「有好幾個月，這套系統一直運轉良好。然而在數週前的一個早上，它卻停擺了。它現在還停在那，我們對於為什麼會發生這樣的事，一點概念也沒有。」

這五個例子的內容和範圍，儘管有所不同，它們卻都顯示出某種程度的成效不好，以及對於其成因的困惑和缺乏瞭解，需要找出一個正確的解釋。

在這些例子中，有些事情不得不妥協。所設定的短期具體目標，可能必須重新檢討、安排或更改，許多可能的行動，都必須予以考慮。然而，形成這項難題的原因，卻是大家早就清楚明白的。決策所需要的，是回答諸如「如何?」「怎麼樣?」以及「目的爲何?」等疑問，而問題本身是需要你能回答「爲什麼?」

如果你面臨的問題需要你回答「爲什麼」，那麼便可以確定，這是一個眞正的問題。

然後，你便可以開始決策，找到解決問題的辦法了。

抓住了眞正的問題，就有助於決策。

弄個水落石出

正確的決策必須把握事情的眞相，這樣才能做到「水落石出」。認準了確定是一個需要解決的問題之後，接下來還應當瞭解這個問題的具體結構，這會幫助你更快地找到解決問題的辦法，做出正確決策。

一般來講，企業決策考慮的首要問題是：一個決策怎樣給企業創造利潤——企業績效；或者說，怎樣防止對企業利潤造成損傷的錯誤決策出現。當所有條件都能正常運作時，你便能達成理想的績效。任何決策都是爲取得績效服務的，當績效出現偏差時，領導者就應當立即著手去分析問題所在，爲下一個決策提供新的線索。相反，領導者不去把問題弄清楚就匆忙決策，往往是自食苦果。所謂不打無準備之仗，在決策方面同樣適用。**要想做到在決策之前，把問題弄個水落石出，應當做到：**

①立即調查為什麼最近企業績效發生了偏差。

②利用線索找出影響績效降低的原因。

③看看是不是外部環境改變了，阻礙了某項計畫的實施。

④充分發揮內部原因，予以核實後，細加詢問。

⑤與主要人員討論重大決策的方案，克服所存在的問題。

⑥一旦確定決策後，就立即注重考察企業績效是否出現回升。

⑦召開會議，討論和評估新的決策。

庖丁解牛之所以遊刃自如，是因爲弄清楚了牛的結構；決策也一樣。在決策之前，只有弄清楚了問題的結構，解決起來便能做到駕輕就熟、遊刃有餘。

美國著名決策學家彼特・肯傑明說：「糊裡糊塗的決策，只能糊裡糊塗的完蛋！」

權力下放

領導者雖然是決策的領頭人和定案者，但不能每件事都親自掛帥，弄清問題的大部分工作，都可以適當授權給下屬去做。凡事親自幹的領導者，會被人諷刺和挖苦。對於領導者而言，弄清問題畢竟不如解決問題（決策）重要。

然而，在較高的領導階層，應用此方法，經常包含它的「構想」的使用。這包括討論所有層面的狀況，而不是根據經驗來形成假設；注意實施決策的時間、地點和效益等方面的特異之處，而不只是臆測而已；以及根據事實，來檢驗決策中可能出現的誤差，而不是立刻採取行動對付那個臆測的原因。高級管理階層可能會記錄資料，做成筆記，然而他人是否運用此一方法，可以從他們詢問方式的特色，以及調查研究的性質觀察出來。我們可以觀察到，使用這種方法的人，會用他們「問題分析」的共同語言，來組織資訊，將資訊溝通給他人，並採取適當距離來觀察這些資訊。他們透過一種有系統的方法，共享資訊。他們所使用的字眼，使每一個人所提供的意見都一清二楚。

忙碌的領導者告訴下屬：「我要你自己解決自己的問題」的時候，並不是在逃避責任。他們既沒有時間，也沒有所需的特殊技能來親自引導部屬，從事解決問題的工作。事情的眞相是，直接投入於解決問題的管理者，會受到人家的批評，說他無能爲自己的時間設定優先順序，或者無能做適當的授權。簡言之，即無能管理業務。領導者不需要所有的正確答案，他們所需要的，是提出疑問的能力。這些疑問可用來評估領導進行決策的能力。

作爲領導者，在決策時必須搞清哪些事情該由自己做，哪些事情該由下屬去做，否則無法把精力投入到決策中去。企業領導者集中精力掌握決策的方法是：

①眼光敏銳、反應迅速，能夠及時掌握最新資訊。

②「大處著眼，小處著手」，讓做出的決策能夠實在的產生效應。

③及時檢查決策的執行情況。

問題處方

決策就是處理舊問題，提出新問題的過程。因此，弄清楚問題，然後找到解決問題的方法，就是一大收穫。這就是在決策時，要給問題開處方的道理。問題是決策的依據！

人是喜歡解決問題的。企業內的人享受成功所帶來的成果，也享受成功的過程。無論在企業中的階層爲何，只要有下列四種條件存在的話，任何領導者不只樂於接受，而且會主動尋求解決問題的機會：

①他們必須具有解決其職務上問題所需要的技巧。

②使用這些技巧，必須能使他們體驗到成功。

③他們在成功的解決問題之後，必須受到獎賞。

④他們必須不怕失敗。

反過來說，也是一樣。如果人們不知道如何來解決問題；如果他們在嘗試解決一項問題之後，不能體驗到成功；如果他們感到他們的努力並沒有受到賞識；如果他們察覺到一事不做或推卸責任反而比較安全的話，他們便會逃避需要解決問題的情況。

對於績效水準未達預期，以及績效低落原因不明的情況，我們要學會分析問題，從中找到要害，對症下藥。有人說，決策就是用另外一種方式給企業治病。

作爲領導者必須牢記：問題分析並不是萬靈丹！給問題開處方要做到以下幾點：

①善於從不同的複雜現象中找出規律性的東西。

②找到一個問題，就要找出根源。

③不要對問題粗心大意，特別要找出它的不良影響和後果。

④不要認為問題過多就是壞事，問題越多越能為正確決策找到「入口處」。

任何決策都是以解決問題爲本，假如決策和問題脫節，或者說兩者之間沒有太大的連繫，那麼決策就會失去戰略意義；同樣的，一個企業出了問題，證明以前的決策存在缺陷，或者說由於過去錯誤的決策導致困難，因此新的決策不能太匆忙，必須對舊問題進行先看後摸再分析，找到一條理想的決策路線，最大可能地解決問題，創造利潤。

第二招

風險

風險與利益的大小成正比

決策由於關係著企業的生死存亡，因此往往責任重大。那些害怕做決策的企業領導者的心病正在於此：一是怕自己力所不及，解決不了企業的問題；二是怕承擔決策失敗的責任。重大決策不是自冒風險，但必須承擔風險。

企業管理人員應當形成這樣一種習慣，即在統籌考慮企業生死存亡的基礎上，先考慮眼下應該如何行動。

——日本國際經濟學家板田忠雄

「踢皮球」的意識要不得

「踢皮球」就是你一腳、我一腳，至於好壞，無人過問。但是要給企業制定決策，必須是全身心的投入，容不得「踢皮球」的行爲出現。決策對於企業而言，猶如生死線上的選擇，其重要性不言而喻。因此，那些能力不強的領導者便免不了退避三舍。

每一個企業都要做一些決策，採取一些行動。這需要企業內的人員，對如何選擇行動，並決定如何執行行動，以及爲這些行動實施的成敗負責。然而決策的選擇，卻常常令人困惑。人們發現，在一起思考他們所必須做的選擇是很困難的。關於從何處著手，以及如何進行，他們的意見常不一致。結果是，他們可能會忽略了重要的資訊，並且犯下錯誤，組織決策的實施，常常達不到其應有的品質。

人們都喜歡做決策。然而企業中，由於決策牽涉許多爭論，多數人都逃避這項任務。因缺乏一種無畏無私的精神，決策者在不觸及重大事情時，對持不同觀點的人，便會互相推諉。於是權力最大的人便成了主宰，其他人則接受其決策，以避免直接對抗。

美國管理學大師菲利普·利特勒在《一名企業主管如何面對決策》一書中說：「考驗主管的才能不是那些細枝末節的事，而是看他以怎樣的態度去進行決策。有些領導者在重大決策面前膽小怕事，那是因爲決策的風險性太大，害怕失去自己的聲譽。其實，這是一種狹隘的觀點。要知道，最睿智的領導者恰好是制定決策的高手！」

每一個人都知道優秀的決策能力，對於個人及企業的成功十分重要。大家也都瞭解，我們今日所做的選擇，將會影響到我們明日的生活。但是有些決策，必須等時間證明是否是明智的決策，並贏得讚譽。

實際上，要認眞地做出決策，本身就是對領導者意志品質和工作方法的考驗。例如：大部分的決策都有許多細節資料，這些細節有些極爲重要，有些則無關緊要。有時候，我們所能擁有的資料，不符合需要；有時候，沒有足夠的資料；有時候，資料又太多了；有時候，可用資料是否關乎緊要，程度並不明顯。在每一個決策的上方，總是籠罩著某些不確定的陰影。因爲所有的決策，都無法確定，將來哪一天會發生作用。良好的決策能力跟良好的解決問題能力一樣，大部分要靠經驗和判斷。

但是，如果因害怕失敗，便不敢突破失敗的領導者，無論何時都不能成爲決策大師，只能是個徒有其名的官僚而已。**防止不敢做出風險決策的方法是：**

①相信自己的決策能力。
②組織好決策集團。
③摸準市場動向。
④正確處理資訊資料。

眼觀四面，耳聽八方

決策是把各方面綜合起來的工程，既然決策影響如此深遠，它的每一個細節都會影響到決策的成敗。這話聽起來是如此的簡單，以致使我們懷疑怎麼會有人做出不良的決策。下面是一個簡單而極爲典型的例子：

「我們需要提高本公司的研究發展能力。」這是一家成長迅速的公司領導層成員之一所做的聲明。該公司領導層對於此一需要討論了兩個月，同時也考慮了各種可供選擇的方案。結果公司領導層雇用了一名新的研究發展經理，這個人以前曾為該公司領導層的競爭對手工作過，因而被認為是「最佳人選」。

當初，該公司領導層應該先提出此一問題：「怎樣才能全面掌握問題？」這位新經理到任六個月之後，該公司領導層得出三項結論：

①這位新經理對該公司而言，並不是最佳的人選。

②「雇用新經理」這項決策方案，並沒有真正解決該公司迫切的發展問題。

③到目前為止，該公司從未充分討論過適合發展的問題。

該公司領導層已做了一項拙劣的決策。爲什麼呢？因爲它沒有清楚的目標，且沒有就該公司在研究發展事務方面的特殊需要予以討論。結果，該公司領導層並未瞭解對組織最有利的選擇方案。然而在決策做成的時候，每一位領導層成員都對於該項選擇積極而熱衷。

其中一位領導成員後來說：「後來我們覺得，就當時所有的資料，這似乎是正確的路線。然而我不接受這種說法。就我們當時所能夠獲得的資料，如果我們眞正將處境徹底考慮的話，我們不相信從競爭者手中挖走『最佳人選』這項決策，看來是正確的路線。那個時候，大家都一廂情願地以為，外面就有那麼一個人，只要他來就可以創造出奇蹟。雖然沒有人親口這樣說，不過這項決策的基礎的確是如此。」

許多決策都具有這類思想。良好的決策，必須充分考慮。任何選擇方案若無法完成所需的工作，可說一無是處。而決策分析的目的，便是要找出各方面的情況，發現完成各方面的情況所必須具備的特定標準，評估與這些標準有關的可行方案，並且確定各方案的風險。作爲決策者必須牢記，決策中的四個要素缺一不可，它們構成一連串工程！

決策和運氣是兩件事

決策不是像抓彩票一樣去碰運氣，至於能否中獎，只好聽天由命。

有些領導者總以爲，決策是好是壞，是一件說不清的事情，關鍵還要看運氣如何；假如碰到好運氣，你的決策可能就會帶來一大堆利益；假如你的運氣不好，你的決策可能就失靈了。因此，有些企業領導人不惜犧牲血本，到處拉關係、跑龍套，目的是爲企業求個好運，其實，這是非常荒謬的看法，是一種宿命論。企業決策是由人來制定和執行的，而不是由上帝賜給的。先講運氣，那是小看了自己決策的本領。有這樣一個例子：

中國大陸有一家橡膠製品公司，為了使產品快速推向市場，行銷主管認為要想把企業產品很快推廣開來，佔有市場，必須先到一些風水好的地方推廣，這樣可以圖個吉利。沒想到，事實正好與他們說的相反，因為這種行銷策略缺乏科學依據，只是碰運氣而已。碰運氣式的行銷不可能長久，這已經是不需要爭論的事實。不久，企業老闆就撤換了這位行銷主管，換上了一位敢於大膽決策、懂得管理的年輕人，他立即制定了包括廣告、促銷、回饋等在內的營銷決策，結果不到一年，就創造了八千萬元的營業額。

實際上，決策是企業領導者責任心和膽量的表現，假如對企業沒有責任感，任何決策都會可有可無，碰運氣可能會使一次決策成功，但不可能次次成功。

沒有不冒風險的決策

「在『葬禮』時買下公司，在『婚禮』時賣出公司，這就是我的決策。」這是我們下面將要提到的一位著名企業家的經營之道，它說明了什麼？

企業決策關係到利益的多與少，這一點很刺激。有刺激，就有風險。這好比一條想要到達遠方的船，它要航行的越遠，它的收穫越大，越要經歷更多的驚濤駭浪。

日本著名經營管理學家，東芝電氣公司曾任總經理的土光敏夫說：「**風險和利益的大小是成正比的**。如果風險小，許多人都會去追求這種機會，因此利益也不會大。如果風險大，許多人就會望而卻步，所以能得到的利益也就會大些。從這個意義上來說，有風險才有利益。可以說，**利益就是對人們所承擔的風險的相應補償**。」的確是這樣，越是想一舉獲得巨大效果的決策，所謂的風險就愈大。

風險是客觀存在的。一般說來，決策所可能得到的效益與決策所冒的風險成正比關係。因此，在決策時，要對效益和風險這兩者作認眞的、精細的、科學化的權衡。效益大而又沒有風險，這當然是最理想的選擇，可惜在現實經濟活動中是根本不存在的。效益雖大，但風險更大，超過了主客觀的承受能力，這種決策亦不足取。風險小，但效益也小，這同樣不是好的決策。效益大，風險也較大，但估計這種風險是在主客觀條件可以允許範圍內，這才是有價值的決策。

聞名於世的希臘船王奧納西斯，曾經是流落在阿根廷布宜諾斯艾利斯的窮小子。但他的一次極富冒險精神的決策，把他的事業推向了頂峰。

一九二九年的世界經濟危機，把阿根廷經濟推入深淵：工廠倒閉、工人失業，百業蕭條。海上運輸亦是在劫難逃。奧納西斯得知，加拿大鐵路公司為了渡過危機，準備拍賣產業。其中六艘貨船，十年前價值二百萬美元，如今僅以每艘二萬美元的價格拍賣。他極為神速地前往加拿大商談這筆生意。他這一反常舉動令同行瞠目結舌，當時的海運業空前蕭條，一九三一年的海運量僅為一九二八年的百分之三十五，有經驗的海運家避之猶恐不及，奧納西斯卻在這種情況下投資於海上運輸，無異於將鈔票白白拋入大海。許多人規勸他，有人認為他失去了理智。奧納西斯認為，經濟的複雜和高漲終將代替眼前的蕭條。如果能乘機買下這批船，定能賺取可觀的利潤。

在這種信念的指引下，奧納西斯冒著一貧如洗的風險買下了船。果然經濟危機過後，海運業的回升和振興居各行業之首，奧納西斯從加拿大購買的船隻，一夜之間身價陡增。他一躍成為海上霸主，資產高漲幾百倍。一九四五年，他跨入希臘海運巨頭行列，成為一代船王。他的成功，就在於他敢冒風險，有膽有識。

現今每個企業家都不得不面臨風險，從某種意義上講，競爭就是風險，經營就是風險。決定投產有風險，決定轉產也有風險，進貨有風險，賣貨也有風險。在現實的經濟活動中，一點風險沒有的經營是不存在的。有關資料表明，新產品創新的成功率一般只有百分之三十左右，這個百分之三十是指被用戶接受，企業因而值得冒險，有利可圖的新產品。

那麼，**作爲決策人，怎樣處理風險與效益的關係呢？**

(1) 敢做「正數反應型」的人

在日本企業界，人們把有膽有識的人稱爲「正數反應型」的人。「正數反應型」的人信念堅定，百折不撓，像一座強大的「反應」裝置，把命運中遇到的一切「負數」轉化爲「正數」，轉化爲前進的動力。這種人敢於冒風險，經得起困難的磨練和逆境的挫折。**把錯誤變成走向正確的啓示，把失敗變成通向勝利的橋樑，企業家就是要有這種可貴的精神。**

要想成爲一名出色的企業家，請記住這樣一段名言：「一味地追求完善，就會錯失良機，一個一百分的機會，如果左顧右盼，搖擺不定，結果也就只能得到五十分；一個六十分的機會，如果果斷行動，大膽決策，也許能得到八十分的結果。」

(2)「錦囊」多備

在風險大的情況下，企業家的決策即使深思熟慮，萬無一失，但在方案實施過程中，一些偶然性、隨機性的影響因素是難以預料和避免的。因此，不能搞「一錘子買賣」，而應多準備幾個方案，以防不測和應急。舉世聞名的阿波羅登月飛行，在全部過程中就有十三次可以調節校正的機會，一旦出現故障，就可以採取其他方案。

在西方，人們把只有一個「方案」的決策叫「霍布森選擇」。這裡有個典故，一六三一年英國劍橋有個商人叫霍布森，他在賣馬時，說可以讓顧客任意挑選，但必須符合一個條件，只允許挑靠門的那一匹。這樣，他事先規定的這個先決條件實際上就等於不讓挑選了。

(3)善於化險爲夷

如果一位企業家在作一項風險性決策時，只是抱著試一試的想法，十有八九是要失敗的。鋌而走險、孤注一擲等行動，雖有極大風險，但作爲當事者，則要有一分希望，就要做出十分努力。即使不能取得令人滿意的成果，也要把損失控制在最小範圍。

比較可行的辦法是採取「蘭德方法」。蘭德是波拉洛依德公司的創始人，他的公司年銷售額有二十億美元。他認爲：無論是負責經銷的經理的直覺，還是公眾的最初反應，都不是一項產品價值的可靠測量。在很多情況下，看某種東西是否值得下功夫，最好的辦法就是把它做出來，投放到市場上去，等幾年再看看，到那時再判斷是否值得爲其再花氣力。

風險不在，收益何來？決策就是出自於風險。美國經濟學家熊彼特說：「企業家能夠預見到新的投資領域或新的盈利機會，敢於冒險，敢於投資，從而謀取額外利益。企業家不是投機商，而應是一個大膽創新、敢於冒險、注重積累的開拓型人才。」

可見，「冒險」與企業家密不可分，因為「企業家」一詞本意就包含著風險，加之企業家要取得利潤離不開創新，由於創新的天地必然是未知的世界，而未知必然帶來某種不確定性，即意味著風險。對於一個企業家而言，沒有一點冒險精神是成不了大事的。企業家只有在這種挑戰式的經營中才能顯出英雄本色。在眞正的企業家看來，冒險是一種最新鮮的刺激。大到決定開辦一個企業，小到產品的更新代換、人事的調動都是一種風險，並在風險中給企業注入新的活力。當然，冒險並不是賭博，美國企業家、管理學博士藍斯登說：「冒險是廉價計算，而不是膽大妄為。」

有許多人在決策時缺少承擔風險的心理準備，往往採取迴避風險的態度。這種精神狀態，難於拉動企業效益。有魄力的企業家應該是勇於冒險的人。

最合理的決策，是符合實際利益

英國決策大師理查茲・魯賓說：「在追求完美的決策過程中，會失去合理的決策。最完美的決策只能是遙不可及的夢想，而最合理的決策則是切合實際需要的。」理想的選擇方案，能夠符合每一項條件，不增加新的困難。很不幸地，理想的選擇方案非常稀少，必須因此將每一次可供選擇的方案，用我們的目標加以衡量評估。我們應關切的，乃是選擇最合適的決策。

如果我們必須在數種選擇方案中選擇一種的話，我們必須決定哪一個最能達到我們的目標，而其風險又最小。換句話說，我們要嘗試做平衡的選擇。一項選擇方案就算能夠完成目標，如果具有嚴重的風險，也不算得是最好的選擇。別的選擇如果比較完全的話，也可能是最佳的平衡選擇。

如果我們只能選擇一個決策方案的話，那麼我們便必須決定，這項決策方案是否值得接受。在這種情況下，我們的評估方式，是與理想的完善決策方案相比，視其相對價值而定。

如果我們必須在現行與提議的行動路線之間做一選擇，那麼我們便要將兩者都視爲選擇決策方案來考慮。我們要將兩者都當做提案，根據我們的目標來評估兩者的表現績效。我們的選擇是，是否要繼續目前的方式，或尋找另一種較佳的方式。

如果我們沒有任何可供選擇的決策方案，而必須創造某些新的構想，我們通常都可以利用所知的事項，來建立一套選擇決策方案。然後我們再選擇最佳、最可行的組合，把一個個選擇方案，用一套理想的方法選擇出一種方案作爲模型，來與各選擇方案比較，從而評估各方案。

選擇過於理想決策的錯誤在於：

①市場變化太快，不會等你慢慢來。

②理想決策需要消耗太多人力、時間，往往人多言雜，不易統一觀點。

③「先下手為強」是競爭的真理，不能慢半拍，慢半拍就是錯失機遇。

但事實證明，完全符合決策者心目中理想的選擇方案，事實上並不存在。在追求最完美的決策過程中，會失去最合理的決策。

慎勿招致災禍

重大決策都是在風險中誕生的，這並不是說可以不顧死活地硬往風險上撞，這樣只會導致災禍。因此，決策分析的最後一個步驟，便是尋找所有可行選擇方案可能會產生的不利後果。

在做最後決定之前，我們必須徹底探討與評估任何選擇方案所可能產生的不利後果。這是不花成本，只運用一點智慧力量，便能控制這類影響的唯一機會。我們必須在可能的不利後果發生前，認清它們，並將它們列入考慮，作爲我們決策的一部分。如果我們能夠認清它們、評估它們的話，我們也許能夠完全避免它們發生，或者現在採取步驟，以便減輕它們未來的影響。選擇方案中所含的風險，不一定完全是一項要命的因素——只要有人及時發現，設法補救。任何評估與選擇，若是忽略了對潛在不利後果做有系統的探討，最後都將招致災禍。

決策分析探討的很少是已經確定的事，一項擬議的行動愈是深入未來，確定性便愈低。而正是由於具有這種不確定性，決策分析這一過程才需要我們的判斷、評估，這些都爲我們提供了正確決策所需的有效資料。

決策分析雖然是一種講求方法的有系統的過程，但它也可以成爲一種具有創新性的過程。因之，德國著名決策學家卡爾．波茲曼說：「每個人都可以決策，但是並不意味著每個人都能做出正確的決策。凡是眞正的決策大師，都是興奮地欣賞決策，把決策的過程作爲評估自己智能的手段。一個在決策面前縮頭縮腦的人，只能聽從別人的決策，從而被別人的大腦支配著。決策本身就是一種智力風險，用不著產生畏懼心理。」

第三招

審慎

胸有成竹的人
從不輕舉妄動

盲目的決策者從一開始就既不知道要解決什麼問題，也不知道要達到什麼目標。在這樣的企業領導者眼中，有一個目標反而礙事，因為害怕決策達不了目標。胸有成竹者的膽量是在審慎中練出來的，是在「浪頭」上闖過來的尋找問題是一回事，看出問題是另一回事，理解你能看出的問題又是另一回事，而從自己對問題的理解中得出結論則更是另一回事。

——美國管理大師彼德・杰克特

不做摸象盲人

一位企業主管在經歷過一次重大決策的失敗後，對自己的員工說：誰要能給我找來治療痛苦的藥，就是最好的員工。結果，一個員工說：「十天以後，我一定找來！」結果，到了第十天，這位員工到辦公室高高興興地看著主管說：「你好了嗎？」這位主管不知其所以然，員工則笑著說：「你不能成功，是因兩手空空，假如左手抓住時間，右手抓住目標呢？」這故事說明，決策不能沒目標。

英國劍橋大學決策專家肯尼特．瓊也說：「決策就是從沒有目標中找到目標，即確定目標是決策本身的目標。」決策目的明確與否，直接關係到決策效果的好壞。決策目標明確了，選擇就會有依據，行動就會有針對性。決策目標不明確，選擇就會發生偏移，甚至會出現南轅北轍的慘痛後果。

二戰期間，美國為了使運載軍火的商船免受德軍飛機的封鎖和攻擊，而決定在商船上安裝高射炮。但是，過了一段時間發現，這些高射炮竟然沒有擊毀一架敵機。於是，有人提出沒有必要在商船上安裝高射炮的建議。針對這一問題，盟軍海軍運籌小組研究後發現，把在商船上安裝高射炮這一決策的目的定為擊毀敵機是不妥當的。這一決策的正確目標，應是儘量減少被擊沉的商船數，從而保證軍火供給。而實踐證明，它在減少商船損失，保證軍火供給上是卓有成效的。因此，美國最終否決了「不在商船上繼續安裝高射炮」的錯誤意見，從而保證了盟軍的軍火運輸。試想，如果盟軍不進行深入研究，而在錯誤的決策目標指引下採用「不在商船上繼續安裝高射炮」的決策，那麼，盟軍的軍火供給肯定會遭到德軍的嚴重破壞。

企業決策也一樣。如果你是一位企業的領導人，做決策時沒有一個明確的目標，結果你會發現你的決策效果就像放空炮，貽笑大方；又或者你做決策時雖然有一個目標，但結果卻跟眞正要解決的問題毫無關係——這種目標，跟沒有目標一樣！

目標是決策的方向，沒有目標決策就會失去方向，屬於無的放矢。這種做法，領導在決策時一定要避免的。

善於掌握目標

「目標」是決策的重要因素，也就是決策所要完成事項的明確細節。所謂「目標」乃是以達成目的爲衡量標準，因此只有掌握清楚衡量標準，我們才能做出合理的決策。

我們將目標分成兩個範圍：「必要」和「需要」。「必要」的目標，是保障成功決策所必須要有的東西。這一類的目標必須是可衡量的，因爲他們的作用，是事先過濾容易失敗的選擇方案。我們必須知道，什麼樣的方案絕對無法符合目標。舉例來說，在一項有關雇用人才決策中，典型的「必要」目標是：「在此一行業具有兩年領班的經驗」。如果一定要求應徵者，具有這麼久的經驗，那麼考慮任何經驗不足兩年的應徵者，都是沒有意義的。這類的目標是可以衡量的，應徵者必須具備此項條件，至於他們的其他優良條件都是無關緊要的。

「必要」目標以外的其他目標，屬於「需要」目標的範疇。我們對於所做出的選擇方案，是以「需要」目標來比較績效，而非根據其是否能符合這些目標而決定。目的在讓我們對於各項選擇方案，有一個比較性的認識，讓我們瞭解各項方案彼此相較之下，其表現情形如何。

有些「需要」類的目標可能也是必然而卻不能歸類爲「必要」。理由有二：首先，它們可能是無法衡量的，因此我們不能對一項選擇方案的表現績效，做出判斷。其次，我們所需要的，可能不是「可否」的判斷，我們比較需要的，可能是將這些目標用來作爲表現績效的相對標準。

有些目標常常先被歸類於「必要」之後再重新歸爲「需要」，以便使其具有兩者的功能。舉例來說，「在本行業具有兩年經驗」（必要），可能會被重新敘述爲「在本行業具有豐富經驗」。現在，如果我們要來評估這些選擇方案的話，我們可以做出兩種不同的判斷：那些經驗不到兩年的應徵者將被刷掉；其餘的應徵者則依據各自的相對經驗而加以評判。

有人曾經言簡意賅的形容這兩種目標：「『必要』的目標決定誰上場玩球，『需要』的目標則決定誰該贏球。」作爲決策者對於「必要」和「需要」兩個不同的目標一定要分清，不可混淆。**把握決策目標的方法是：**

①明白自己到底要幹什麼。

②弄清妨礙自己做事的因素。

③用排除法放棄細枝末節的因素。

④用「火力」猛攻自己的決策對象。

⑤善於時時糾正自己的錯誤判斷。

有透徹的眼光

領導者在做決策的時候，對解決問題所要達到的目標必須要有透徹的眼光。以前面所舉的化工廠爲例，找人接替已故的常務副總裁的職位，這一做法的目標非常明確：

①給公司配備一個高效的高級領導人員。

②防止再次出現由一個人獨霸公司的局面。

③杜絕再次發生公司無人領導的情況，為公司的未來提供一批高級經理人。

第一條目標排除了某些副總裁竭力主張的解決問題的辦法，即由主管各部門的副總裁組成一個非正式的委員會，在一個名義上的總裁的領導下，鬆散地開展工作。第二條目標否決了董事長所推崇的解決方案，即招聘一個人來接替常務副總裁的位置。第三條目標提出的要求是：不管最高管理層如何組成，對產品業務必須實行聯合分權管理制度，只有這樣才能爲將來培養和訓練出高級經理。

這些目標應該說可以反映出企業的目標，最終也應該落實到企業的績效上來，應該能平衡和協調眼前利益和長遠利益之間的關係，應該說既考慮到企業的整體情況，又考慮到經營企業所必須採取的各項活動。

目標是決策的關鍵因素之一，領導在做決策前必須反覆斟酌，給決策制定一個正確、清晰的目標，爲正確決策打下一個堅實的基礎。目標確定了，即使決策實施過程中出現一些偏差，也不會有大的影響。

與此同時，對解決方案可能會起限制作用的各種規則也要進行透徹的考慮。所採取的行動必須符合哪些原則和政策？比如：

①公司也許有這樣的規矩：所借資金不得超過所需資金一半以上。

②公司也可能會有這樣的原則：在仔細考慮內部人選之前，不得先從外面雇用領導人員。

③公司或許有這樣的要求：在管理者的培訓上不能搞繼承制。

④公司也許有這樣的傳統：任何設計的更動必須先送生產和銷售部門徵求意見，然後才能拿到工程部門去執行。

弄清楚這些規則是必要的，因爲在許多情況下，一個正確的決策往往需要更改一些已成慣例的做法。除非老闆對他想要改動什麼以及爲什麼要改動等問題已考慮得十分清楚，不然的話，他就會在同一個時候冒既想改動又想維持習慣的風險。

規則其實就是決策的基礎，而決策就是在這一規則的框架裡做出來的。那些價值觀念可能是道義上的，也可能是文化上的。它們也可能與公司的目標有關，或者與公司結構的某些現行原則有關。這些觀念綜合起來就構成了職業道德規範。這些規範不能幫你決定應該採取什麼行動，但卻可以幫你決定什麼事情不可以做。廢除不能被人接受的行動方案本身就是進行決策所不可缺少的先決條件，不然的話，將會有太多的行動方案可供選擇，會搞得你無法採取行動。

領導者在確定決策目標時切記不要違背規則，但同時也不能過於謹慎，而應抱著「大膽假設，小心求證」的態度，對決策目標的可行性進行徹底分析，把握尺度。

目標不明，效益降低

衡量一個決策的成功程度，與決策效益有關。決策成功，效益增加；決策失敗，效益降低。這裡的效益既指決策產生的效益，又指決策達到目標的程度。

確立決策效益標準的目的，是在對決策的實際結果和理想結果進行比較，對決策所達到預期目的進行程度上的分析。決策的效益標準比較複雜，在具體運用時要考慮到各種因素的影響。

①效益是根據預定目標衡量出來的，因此，一個明確而具體的決策目標是效益評估的重要前提。如果決策目標模糊不清，或者人們的看法不一，那麼評估就不能統一和客觀。

②要高度重視決策實施所完成目標的充分性，充分性在這裡不僅表現為決策實施後滿足人們需要的有效程度，而且還表現為需要被滿足的人數；不僅表現為解決問題的深度，而且還表現為解決問題的廣度。

③決策的效益是決策實施後所獲得的某種結果，這種結果是一種客觀性的存在，因此效益標準應是客觀性標準。同時決策所達到目標的程度還與人們的認識水平有關，因此效益標準又很難排除它的主觀因素。在實際評估過程中，在考慮主觀因素的前

提下，保證決策評估的客觀性。

④在對決策進行效益評估時，既要看到它的正效益，又要看到它的負作用，要把它們嚴格地區別開來。

目標既是決定決策效益的一個標準，又是它的一個約束條件。由此可見，決策目標與決策效益的關係，的確是「一損俱損，一榮俱榮」。例如：

維克多．加姆是哈佛商學院畢業生，靠推銷小電器掙得百萬財產。一九八八年，加姆買下了「新英格蘭愛國者球隊」，但經營一個人事紛擾的足球隊與推銷電動剃鬚刀完全是兩碼事。果然，加姆接手後球隊就頻頻失利，隨後又因球員對一名女記者的性騷擾而鬧得沸沸揚揚，球隊因此聲名大跌。等到加姆從中脫身時，他已經賠了好幾百萬。

維克多．加姆的失敗在於：儘管他在推銷電器方面目標明確，但在購買球隊時目標模糊，不符合眞正的決策效益，這是決策評估的失敗。

放長線，釣大魚

決策是有目標的，即「放長線，釣大魚」。只有針對目標的決策，才是有的放矢的決策。無論採用什麼樣的方法和手段，改進決策評估首先還是要明確決策目標。明確決策目標主要依靠在決策制定階段對決策問題的分析和對決策目標的確定。另外，在進行決策評估時，研究和弄清以下問題也有助於確定評估標準，明確決策目標。

①要弄清決策的對象是誰，是個人還是集體；決策是直接影響他們，還是通過媒介或手段間接影響他們。

②要弄清決策所追求的目標是長期的、中期的還是短期的；是當時見效的，還是逐次漸進的；是治標的，還是治本的。

③要弄清決策所希望發生的變化何時產生，以及這些變化是單一的，還是一系列的，這些變化對所有決策對象具有相同的作用，還是對不同的人具有不同的作用。

④要弄清決策追求的是單一的成效，還是多方面的成效，有沒有衡量決策成功與否的特定標準等。當然，在實際決策評估活動中，還需針對具體的決策，根據不同的目標特點，尋找和確定各自不同的切入點。

目標就好像引導決策向正確方向前進的指南針，按著它的指示走，決策者才能準確地找到問題的核心所在，並選取最佳的解決方案，達到或接近決策的最好效益。

假如沒有目標——不管是哪種目標，企業領導者肯定是整天坐在椅子上胡思亂想，甚至不務正業。

「放長線，釣大魚」的意思是：把決策作「長線」考慮，把許多短期決策複加起來之後，構成一個長遠決策，使企業發生翻天覆地的變化，讓企業多收一些「大魚」回來，給企業增加利潤，讓員工切實感到企業就是自己的家。

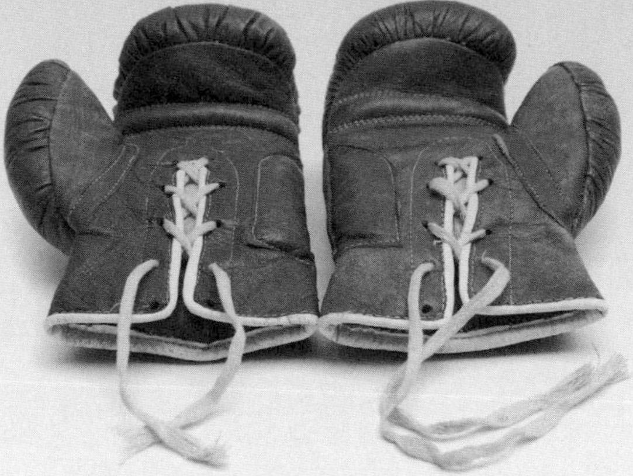

第四招

盤算

承認問題的存在
是解決問題的第一步

對未來有種天生恐懼感的決策者，決策時往往會有意或無意地忽略潛在的問題，而僅僅指出未來是多麼誘人，令人嚮往！這種領導往往抱著一種僥倖的想法：「但願一切不會發生！」

一個好的決策，必須盤算清楚各方面的因素，否則會吃大虧。

決策把各種情況都毫無保留地公開，就像金魚在魚缸中一樣，無論從哪個角度都能看得一清二楚。

——日本BEST電器株式會社社長北田光男

不要自討苦吃

有些人在生活中常犯一些錯誤，因爲判斷失誤，結果自討苦吃，使自己徹底垮台。其實，是因爲這些人缺乏洞察潛在問題的能力，糊裡糊塗，自以爲是，結果「失手」。

數年前，中國大陸一家製紙公司利潤最高的產品，享有近乎獨佔的優勢。當時，三分之二的權威雜誌，都以這種紙張印刷，而該公司也很少能完全供應市場的需求。

不料突然發生變故，郵局大幅提高雜誌及其他出版品的郵資。不到兩個禮拜，該部門的生意便丟掉百分之七十。大批顧客改用一種塑膠漿過的磅數較輕的紙張，這種紙張有一家競爭廠商立刻就能供應。它的品質並不如該公司較重的黏土處理紙張，然而它卻比較便宜，而且郵寄成本只有後者的三分之一，而顧客最關切的正是這件事情。

該公司一名副總裁，後來與人談論所發生的事。他說：「這個災難的每一項要素，完全可以預測。我們知道我們的紙張很貴，我們知道它很重，我們知道郵局多年來一直想要提高三級郵件的費率。然而這種紙張是我們的金鵝，只要它還在繼續下金蛋，我們便有一種安全感，覺得會永遠這樣下去。」

在喪失大部分業務之後，該部門的主管發現他們很難編出一套說辭，來安撫董事會的怒氣。董事會認爲這些主管既然領高薪，就應該知道未來情況的變化。光講「狀況會改變」是沒有用的，狀況永遠是在變的，人生所做的一切都是在力求改變。成功和生存要看你是否能預知變化，是否能避免被它的負面影響所吞噬。

類似這樣的例子不勝枚舉，說明了潛在問題的巨大威力：它在暴露之前，溫柔得就像小河裡的水；然而它一旦發作，就會像不可阻攔的洪水一般吞噬整個企業！忽視潛在問題不僅對企業是災難，對做決策時忽略它的領導更是沉重的打擊，恐怕幾十年以後即使他退休了，也會時時回想起來！

避免在決策時自討苦吃，防止「失手」，應該這樣做：

①仔細調查與決策有關的有利因素和不利因素。
②把有利因素的成功率考慮到最大點。
③把不利因素導致的失敗考慮到最大點。
④自己腦中要有清醒的意識，分清優劣，找到最有效的對策。
⑤善於和下屬交流，聽取他們對自己決策方案的評估，特別向他們徵求克服不利因素的對策。

避免「潛在問題」

決策是對潛在問題分析的結果。潛在問題分析主要是一種導向、一種態度、一種方法。它的基礎是一種信念，也就是說人可以假想未來，看看它藏有什麼東西，然後回到現在，在效果最好的時機，立刻採取行動。**潛在問題分析是一種思考模式，使我們能改變現在的不利因素。它是一種有系統的思考過程，使我們能發現和應付那些可能發生並將造成傷害的不利因素。**

企業領導注重潛在問題分析，可以提出兩個基本的決策方法：「有什麼可能會出差錯？」「我們現在能做什麼來解決它？」以下四點，提供了「潛在問題分析」的可能性：

①找出易出問題的地方：我們可能受到最大傷害的地方在哪裡？什麼樣的改變對我們影響最大？

②在最易出問題的地方，找出潛在的特定問題。這些是構成嚴重威脅，需要我們立刻採取行動的特別狀況。

③找出能夠防止特定潛在問題的行動，這些行動乃是針對那些具威脅性變化的可能原因。

④對於無法完全預防的潛在問題，找出可使其影響減至最低的應變行動。

潛在問題分析並不是一種找麻煩的否定行爲，而是積極尋找決策方法，以避免或減輕未來可能出現的麻煩。因此潛在問題分析乃是管理者或組織團隊所做的決策活動中，比較有針對性的一種決策手段。它爲個人和組織提供了最佳的決策機會，使他們能依照自己的遠見和希望，建立自己的未來。事實上，每一項決策都會面臨許多不利因素，克服這些不利因素而找到新的解決辦法，則是決策者的功夫所在。

預測企業潛在問題

要預測未來，必須要把雙腳墊得高一些，這樣才能看得遠。這是決策的基本方法。表面上，決策是現在制定的一種措施，事實上就是對未來的一種預測。雖然未來是不可知的，但領導者做決策時必須提前預防，否則，不解決潛在問題，決策將無法實現。

也許有人會說：「這也太悲觀了吧！既然是潛在的問題，那麼它很可能發生，也很可能不發生——如果是後者，豈不浪費精力？」這是一個錯誤的觀點，因爲**決策畢竟不是一種完全的冒險行爲，對潛在問題的分析雖然不能準確地預測未來會發生什麼，但起碼可以降低發生問題的機率**。

管理者應當關心企業未來，一個企業未來的處境如何，大致視目前所做的決策而定。因此謹慎的管理者，都嘗試觀察未來，解析他們所能找到的徵兆。然而許多企業應付未來的方式總是不如理想中有效率。預測企業未來，是誰的責任？由誰來決定應該採取什麼行動，對付無法證明的企業未來需要？觀察企業未來，大致上仍然屬於管理者個人的活動，觀察的結果，主要由管理者個人的動機及有關事項所引導。

當管理者擁有一個觀察未來的共同方法時，好事才會出現。這個時候他們才會有一個共同的基礎，分擔和運用他們的期望，他們的責任也一樣可以分擔，有關事項可以找出來，所構成的威脅也可以得到評估，而有關的資料可以共同分享，使組織獲利。以這種方式來預測企業未來，那麼企業未來所給我們的便是機會，而不僅只是不確定而已。

解決好了潛在問題分析，我們能夠比較準確地把握企業未來，制定現在的決策。這是一種保護性的方法，使我們能夠確定企業未來跟我們所想要塑造的一樣美好，而不是任由企業未來來臨。

在決策過程中，運用潛在問題分析的方法，比我們所描述過的其他理性程序，較不常見。抽出時間來考慮那些無法想像的事情和遙遠的可能性，是需要決心的。

人們之所以會忽視企業未來，並不只是因爲他們只著眼於當前的事情而已。要考慮企業未來，要知道如何考慮企業未來，是很難的。當然前面提到的那家紙張公司的管理者，可以預見郵資上漲，並了解這件事對產品銷售能力的影響，潛在問題分析必須融合這種常識才有效用。

作爲領導者要事先想到任何可能出現的不測。永遠要在事前考慮有可能發生的會將你的全部計畫毀於一旦的每一個不測。能做出正確而及時的決策依靠你對形勢有準確的評價。要使用前面告訴你的那句問話：「如果……怎麼辦呢？」這樣你就會強迫自己去考慮可能把事情辦糟的每一種可能。那些缺乏預見能力和對失敗的因素估計不充分的管理人員或者招待人員常常遭到失敗。

事實不只一次地證明，一個缺乏預見未來的能力的領導，不可能做出正確的決策！

自尋煩惱不是一件壞事

如何才能做好對潛在問題的分析？就是要不斷地自尋煩惱，反覆思考，精益求精。在決策中，運用潛在問題分析的方法，其實很簡單，這一套方法會被人比擬為下棋——你可以在幾個鐘頭內就學會下棋，然後你可能要花二十年的時間學習如何下得好。

我們先看看分析**潛在問題的四種基本活動順序**：

①找出一項計畫、作業、方案等的弱點。

②從這些弱點中，找出可能對我們的決策產生相當大的不利影響，而值得我們現在就採取行動應付的主要手段。

③找出這些潛在問題的可能原因，和能夠防止它們發生的行動。

④如果預防行動失敗或任何預防行動都無效時，如何緊急應變。

你所採取的行動，規模大小或複雜簡單，各有不同。決定採取哪一種行動——預防性的或緊急應變式的——要視分析的對象、經濟觀點、實施可行性以及常識而定。每一項行動都要成本，因爲它需要我們分配資源，來預防可能發生問題的未來。最划算的方法當然是以最小的成本，獲得高度的回收。一項簡單的預防行動，如果能顯著減少我們未來面臨某一嚴重問題的可能性，那麼它便是一項划算的投資，而一項複雜而昂貴的方案，如果只不過是爲了防止一個不太可能發生的小問題，那便是一項很不划算的投資。

即使你不是造紙工業這一行的專家，你不妨試著想出兩三種行動，防止決策失誤，或者減輕其嚴重性，並考慮成本與回收利益之比這個問題。在郵資漲價前一兩年，你可能會採取什麼樣的行動，使該公司避免如此驚人的損失，並且這些行動不會昂貴得不划算。如果能採取一項小型的輕磅紙發展計畫，是否會有用呢？是否對其他方式表面處理進行研究，會使事情好一點呢？還有更爲審愼明智的預防措施嗎？

決策者有時會選擇一項優異但帶有相當大風險的方案，這種情形並不少見。這是因爲他們相信：「這些是我們能夠用潛在問題分析來對付的風險……」換句話說，這些風險是眞實的，然而它們所代表的都是可以預防的潛在問題。或者說，它們就算發生，也可以透過我們的應變行動，控制其影響。有不少管理者不只要求屬下，對所有的例行選擇做決策分析，他們還要求屬下，就其最後的選擇做一份潛在問題分析的報告。這看起來像是要額外做許多文書作業，然而在實際上，通常只是給決策分析多加一頁附記而已。這一頁所說明的，是最後選擇所可能附帶的潛在問題，並提供處置這些問題的預防及應變行動方案。

不管細節是什麼，潛在問題分析的第一步，便是要求決策者關注某種計畫、狀況或事件，這也是分析潛在問題的態度和動機。由於有這一種關注，才會使我們開始思考潛在問題，思考我們過去在相似情況中的經驗，以及思考我們能夠做些什麼，以預防或減輕這些以前曾經發生，而未來很可能再發生的問題。潛在問題分析必須以一種積極的態度開始，深信人能夠對未來有某種程度的控制能力。一位管理者說：「我具有積極的信仰，深信我能改變事情，我總是問我自己：『我們明天可能在什麼地方會失敗？』」

如果你能以潛在問題分析方法審視未來，你便是在採取攻勢。這一方法的用處大小要視事情的結果而定。只有在事後，我們才能知道我們所花在潛在問題分析上時間的價值。或許我們沒有發現什麼新鮮的事，或許會發現一項未來的問題，無論如何那些知道觀察未來的管理者便是贏家。

決策雖然經常是被動的，總要問題出現了才想到如何去解決它；但決策行動的本身卻必須採取主動，預防可能出現的任何問題，而不能對問題採取守勢。否則，問題會接二連三，作爲領導者的你只好一天到晚地忙著決策，忙著解決問題——這樣的領導者，顯然是失敗的！

變化中求計畫

我們說過，雖然潛在問題分析是爲了預測未來，但事實上未來是無法準確預測的，總有一些突發事件在我們的預料之外發生。這時候，作爲領導者你需要超強的應變的能力。這種能力，就體現在你對潛在問題的分析過程中。

潛在問題分析具有一種特質，與問題分析和決策分析等理性程序有所不同。在問題分析和決策分析中，一個步驟接另一個步驟，用秩序且完整的方式，產生一個合乎邏輯的結論。

潛在問題分析包括四個邏輯上連續的步驟，然而我們可能會找到一些沒有任何辦法可以預防的潛在問題及其可能原因。如果碰到這種情形，我們便必須跳過預防行動這一步驟，直接去設計應變行動，使潛在問題的影響減到最低。

我們也有可能發現一些嚴重的潛在問題，而沒有任何可行的預防或應變行動。碰到這種情況的話，我們只有兩條路可走。第一條便是，我們接受這個風險，而希望最好的情況能夠出現。其次我們可以從潛在問題分析，後退至進行決策分析，以便找出一個比較能掌握的行動路線。

應變能力屬於領導的決策能力的一部分，沒有應變能力的領導，即使做出了正確的決策，也無法保證一定能解決所有的問題——包括潛在的。的確，如同美國著名決策學家吉姆・肯尼迪所說：「解決了潛在問題，學會變化手段，本身就是最好的決策。」

多謀善斷，立於不敗

決策，沒有現成的固定模式或程序可以照搬照抄，而且在好些人看來，決策似乎是在進行一場「智慧的遊戲」。但實際上，決策是有其內在規律的，正確的決策很少是，也決不應該是「瞎矇」來的。

古語說：「人貴有自知之明。」企業同樣如此，在認識清楚競爭對手的虛實之後，同樣要對自己的實力有個正確的估計、評價，才能採取最適合的策略，或正面進攻，或奇兵突襲，或者「三十六計，走爲上計」。

本世紀初，有個叫拉賽爾・康維爾的美國牧師，以「寶石的土地」為題在美國進行巡迴演講，轟動全美，名噪一時。據說，他的演講多達六千餘次，內容卻非常簡單：從前印度有個叫阿里哈費德的富裕農民，為了尋找埋藏寶石的土地，變賣了家產，出外探險，終於貧困而死。可是，此後卻有人從他變賣的土地裡發現了世界上最珍貴的寶石。

這則故事告訴企業家，每個企業，都有自己的優勢和弱點，這些優勢和弱點能否和外部環境匹配，關係到企業的成敗。爲了適應環境，並在環境中找到自己的位置，企業必須對自己的競爭能力有足夠的認識。因此，企業家在決定自己的競爭戰略之前，必須搞清楚企業各方面的能力。

(1)人力：指企業全體職工整體力量的總和，是企業中最基本、最積極有活力的要素，是企業中最積極、最有活力的要素。

企業的人力按縱向可劃分：決策層要具備學識、大智大勇、豁達大度、堅定的原則性和機動靈活的應變性等素質，以及發揮這些素質所必須具備的物質基礎即健康的身體和充沛的精力。管理組織層應具備以下素質：結合本部門的實際，有把目標具體化、現實化的能力，即根據目標制訂科學的戰術決策的才能。執行操作層必須具備熟練的生產操作技能，推銷手段等。他們在生產中的主動性、積極性、創造性是提高企業勞動生產率，降低消耗水平，宣傳產品形象，擴大產品知名度的重要保證。

企業的人力按橫向可劃分爲管理人才、技術人才、推銷人才、資訊人才、公關人才、監督檢查人才等等，他們決定了企業競爭能力的強弱。

(2)物力：指企業中生產資料的總和，包括企業的機器設備、工具、能源、動力、原材料、運輸設備等等。企業的物力不僅包括物力要素的技術性能，而且也決定於物力要素的組織結構。合理組織各個物力要素，可以最大限度地發揮物力要素的技術性能。

(3)財力：企業的財力包括企業的固定資產投資、固定資產折舊金、流動資金及其它各項資金，同時，也包括了企業的債務、營利、稅金等。古語講，富有不足爲奇，但富有能擊敗貧困。有無充足的資金持久支持企業的競爭，是企業走向成功的一個重要條件。

(4)生產力：指企業生產產品數量方面的能力，二是指生產出的產品質量方面的能力；三是指企業開發新產品的能力。

在正確地認識企業自身能力時，有兩種傾向需要克服：

一**是不可過低估計自己**。特別是對於那些開始創業時的小企業，在人力、資金、技術等等方面都常常要面對實力比自己強勁的對手，更需要有自信，有勇氣。

二**是不可過高估計自己**。過高估計自己，就會狂妄自大，過低估計競爭對手的競爭能力，以致走上「驕兵必敗」的道路。美國電視機市場被日本佔領，很大程度上就是美國廠商輕視對手實力，不屑與之競爭，結果坐失江山。

不要把所有的雞蛋放在同一個籃子裡

在決策中，領導者應在何時使用潛在問題分析的方法呢？只有經驗和靈感告訴你，某件事情在未來可能出錯，而且對於任何重大計畫或事件而言，都將造成很大的損失，那麼進行潛在問題分析將是必要的。

事實上很多潛在問題都沒有前車之鑒，未來發生的事情，誰也無法把握，因此領導者的個人能力便顯得十分重要。決策肯定會有失誤。但如果事先採取了迴避危險的措施，就不會釀成悲劇。最新經營學勸誡人們：**避免失敗的方法之一就是要採取組合思考方法**。組合戰略其實並不神秘，其實本質就是「不要把所有的雞蛋放在同一個籃子裡。」

波士頓諮詢團曾就產品的組合問題發表過一個見解，引起了很大反響。他們的見解就是用市場佔有率和成長率的高低對產品進行組合，將產品分成「明星產品」、「搖錢樹」、「有問題的」和「敗狗」四類。其中，他們稱那些儘管成長率很高，但與其他公司同類產品比較，市場佔有率相對較低的產品為「有問題的」。

「明星產品」指成長率高、市場佔有率也高的產品。這類產品華美，收入多，但花錢也多，也就是說在成長期這類產品也很花錢。「搖錢樹」是指達到飽和點、成長率已經降低，但市場佔有率很高，同消耗的費用相比還是收益多的產品。成長率低，市場佔有率也低的產品叫作「敗狗」。

產品組合戰略就是針對不同類型的產品採取不同的措施。「有問題的」無論如何都必須朝著「明星產品」努力，也就是說，要把賺來的錢投入「有問題的」，或投向「明星產品」，使之成爲「搖錢樹」，而「敗狗」則應該儘早從市場上撤下來。

依靠單一商品的生意非常危險，同樣，過分依賴大買主也非常危險。**使用組合戰略進行多角化經營時，要堅持以下原則：**

(1)突出重點，量力而行：不顧人力物力，一味追求產品項目，搞大而全，小而全，是沒有前途的。

(2)長短結合，千萬不可四面出擊，平面推進：以產品開發爲例，就應該「生產第一代，掌握第二代，試製第三代，研究第四代，構思第五代」。

(3)有主有次：積極發展主導產品，並輔以與本企業工藝相近、結構相通的其他產品，但不要把力量都分散了，以免眉毛鬍子一把抓，結果都落空。

把所有雞蛋都放在同一個籃子裡，這是決策者不應有的決策行爲；反之，假如把所有雞蛋不放在同一個籃子裡，即使有幾個被打爛，也不會影響其他籃子裡的雞蛋，這樣會提高安全係數。這個「雞蛋裝籃子」的道理喻示著決策安全係數的高與低，值得深思。

第五招

行動

傑出的策略必須通過
傑出的執行才能奏效

沒有行動的決策，就像一個人滔滔不絕地說了一大堆計畫，然後就回家睡大覺一樣。決策僅僅停留在口頭上或者書面上，再好的決策也毫無意義，因為他所預測的種種結果根本不會出現！

最先主動採取行動的人，往往比後來者佔有更大優勢。

因此，搶得先機是最重要的博弈計謀。

——英國企業管理學家瓦尼莎・霍爾德

切忌空談決策

決策僅僅停留在口頭上或者書面上，再好的決策也毫無意義，因爲它所預測的種種結果根本不會出現！生活中有言無行的人比比皆是，究其原因，不過是說話輕巧，吹牛也無需交稅，行動可就困難了。決策也一樣。**如果說考慮底線是決策過程中最困難的環節的話，那麼要將決策轉化爲有效的行動通常則是最費時間的環節**。除非從一開始便將承諾和義務都包括在決策中，要不這個決策便毫無意義。

事實上，只有當落實決策的具體措施變成了某個人的具體工作和責任時，做決策才顯得有眞正的意義。如果情況不是這樣，那麼根本就談不上是什麼決策，頂多只是個良好的願望罷了。過多的政策說明令人厭煩，尤其是在業務單位裡更是如此。這種政策說明都不包含行動上的承諾，因此對如何落實的問題沒有專人負責。

若要將決策轉化爲行動，必須先明確無誤地回答下列問題：決策必須要讓誰知道？必須採取什麼行動來貫徹落實？應由誰來採取這一行動？這一行動應該包含哪些內容，以便讓執行決策的人有所遵循？在這些問題中，第一個問題和最後一個問題往往容易被人們所忽略，從而造成災難性的後果。

在決策者中，流傳著一個故事，它倒可以說明「決策必須要讓誰知道」的重要性。

一家製造工業設備的大廠商幾年前決定暫停製造某種型號的設備。好多年來，這種設備一直是機床類中的標準產品，其中不少產品至今仍繼續使用。因此，公司同時也決定在未來的三年中繼續向該設備的老用戶提供此型號的機器，以滿足他們更換的需要。三年之後，公司就不再生產和銷售這種型號的機器了。對這種型號機器的訂單近幾年來一直有下降的趨勢。但當老客戶得知這種型號的產品不久將不再供應時，訂單反而突然大增。可是，沒人提出「必須把停產的決策告知哪些人」，於是誰也沒想到通知採購部負責採購該部件的人員。採購員所得到的指令還是按當前銷售的比例購進該型號機器的部件，沒人對他說過需要修改這一指令。三年過去後，當公司準備停止生產該產品時，卻發現：倉庫裡的庫存裝配件多到了足夠他們使用八到十年，於是也只好白白浪費了。

這個故事再具體不過地說明了行動對於決策的意義：沒有行動的決策，只會誤事。

做自己能做的事

有些決策者不是不想行動，只是苦於力所不及，這是一種疲軟現象。決策行動也必須與執行決策者的能力相適應。

一家化工企業近年來發現有兩筆相當大的資金被凍結在西非兩個國家裡。為了避免損失，企業決定用這兩筆資金在當地開公司。企業的原則是：所辦公司對當地的經濟應有所貢獻；不必從國外進口原料；如果經營成功的話，還可在當地金融政策解凍時將其轉售給當地的投資者，再將錢匯出來。為此，公司開發了一種加工保存熱帶水果的簡單化學技術。

所辦事業在非洲兩國都非常成功。但是其中之一的當地經理把公司標準定得太高，需要由技術高超的、受過西方技術訓練的管理團隊來進行管理，而這樣的人才在當地很難找到。另一國家的經理，由於考慮到了最終將要經管這個公司的人的實際能力，所以儘量地簡化企業流程，並從一開始就在公司的各部門雇用當地人才。

幾年後，這兩國開始允許資金匯出境外。然而，那家高標準的公司儘管十分興旺發達，但卻怎麼也找不到當地的買主，因為當地人根本就不具備管理該公司的技術能力。於是這家公司只好被清盤處理，損失在所難免。而在另一個國家的公司，卻吸引了許多當地的企業家，因此，公司不但收回了原先投入的資金，而且利潤還相當可觀。

這兩家公司的產品及生產流程基本上是相同的，可是在前一家公司裡，沒人提出過諸如此類的問題：「能執行決策的現有當地人才到底具備哪些條件？他們到底可以勝任哪些工作？」結果，決策就沒法被順利地貫徹。

如果一項決策要成爲有效的行動，那麼有關人員就必須要改變自己的行爲、習慣和態度。在這種情況下，如何使決策行動適合決策執行人的實際能力就顯得特別重要。管理者應該設法落實：負責落實行動責任的人必須有足夠的能力。管理者對其下屬的考核方式、考核標準及獎勵辦法都應該做出相應的調整。要不然，有關人員將會陷入到內部感情衝突的漩渦之中而不能自拔。

先有想法，後有行動

這樣的經驗每個人都有：行動之前不想一想，自己行動的目的何在，往往會盲目行動，缺乏績效。

絕大多數關於決策的書都這麼說：「首先要弄清眞相。」不過，卓有成效的決策者都知道，決策的過程往往不是從眞相開始的，而是從想法開始的。這些想法由於沒有經過實際的檢驗，常常只是一些假設，因此，還談不上有什麼價值。**要想判斷什麼是眞相，那就首先要確定相關的標準，特別是要確定合適的衡量標準**。這可以說是有效決策的綱領，也是通常最容易引起爭論的地方。

最後，有效的決策並不像許多教科書裡所說的那樣來自於對眞相的一致看法。恰恰相反，正確決策的意識正是在不同意見的衝突與矛盾之中產生的，是認眞考慮各方行動方案的一個結果。

卓有成效的管理者還懂得，人們做事並不是從尋找事物眞相開始的，而是先從想法開始的，這樣做並沒有什麼不對。人們經歷過某個事件，就必然會有些想法。如果在某個領域裡體驗了好長一段時間的生活而不產生想法的話，那說明此人沒有敏銳的觀察力，頭腦遲鈍。

所以，人們總是先有想法，然後再採取行動。硬要他們先尋找眞相，然後再採取行動是不可取的。那會使他們像其他人一樣，尋找所謂的眞相來湊合自己已有的結論。既然已有了結論，要找些所謂的事實來加以說明不會有什麼困難。擅長統計的人員都知道這個道理，因此，他們對統計數字往往不太信任。

唯一有利於我們用實踐來檢驗想法的辦法，就是「先有想法，後有行動」，這也是我們考慮決策時所應該採取的辦法。只有這樣，別人才能看出，我們的決策是從沒有經過測試的假設開始的，而這恰恰就是決策或科學研究的唯一起點。我們知道應該如何對待假設，我們不會爲假設而爭論不休，我們要做的就是對它們進行測試。通過測試，可以發現哪些假設可以成立，值得我們認眞地加以考慮；哪些假設站不住腳，必須被棄置。「先有想法，後有行動」，這是決策的經驗。

不要輕易讓決策流產

行動是執行決策的開始，沒有行動，決策就沒有功效，價值等於零，就會讓決策流產！

絕大多數的情況都屬於必須做決策與可以不做決策這兩者之間的。有些問題雖然不能自行解決，但也不會發展到不可救藥的地步，通常只需要作些改進，而不必去做什麼實質性的改變或創新。在這兩個極端之間，絕大多數都屬於這種情況。換句話說，即使不採取什麼行動，事情仍然可以維持下去。當然，如果採取行動的話，情況也許會變得更好。於是決策者應該作一番比較，是採取行動的風險大呢？還是不採取行動的風險呢？有兩條原則可作爲指導：

①如果採取行動的好處大大超過所要付出的代價和所冒的風險的話，那麼就採取行動。

②要麼採取行動，要麼不採取行動，切忌模棱兩可，也決不能折衷。

對決策者來說也像醫生動手術是一樣，他要麼採取行動，要麼不採取行動，他決不可以採取了行動又半途而廢。半途而廢是絕對錯誤的，因爲它無法滿足決策最起碼的要求，無法達到最低的界限條件。

在對決策的要求作了一番透徹的思考，對不同的選擇進行了一番探討，對決策的得失作過一番權衡之後，決策就成爲順理成章的事了。到了這一步，一切情況心中都已有數，該採取什麼樣的決策自然是明擺著的了。

然而，就在這個時候，大多數的決策卻流產了。這是因爲突然之間眞相大白，原來所做的決策會使人感到不快，不像原先想的那麼受歡迎，執行起來也不太容易。很明顯，在這種時候不但需要有良好的判斷，更需要有巨大的勇氣。我們沒有足夠的理由說藥都應該是苦的，但是良藥通常的確是苦的。出於同樣的道理，我們不敢說所有的決策都會使人覺得討厭，但是最有效的決策執行起來往往會讓人產生不愉快的感覺。

在這種時刻，有一件事卓有成效的管理者絕不可以去幹。他不能向外來的壓力讓步，更不能說：「讓我們再研究研究。」如果這樣說了，那是懦夫的行爲。懦夫可以死一千次，而勇敢者只能死一次。面對「再研究研究」的呼聲，卓有成效的管理者會問道：「是不是再作一次研究就能討論出新內容來？即使研究出新的內容，它會不會與我們要做的決策有關聯？」如果答案是否定的，那麼管理者就不應該再去做任何研究。決不能因爲自己的過失而再來浪費別人的時間。

讓決策流產，還不如不去做決策，至少證明最初的決策不夠水準。

對症下藥見奇功

在決策中，有效的行動就是對症下藥。

對問題進行歸類，這樣就能明確必須由誰來做決策，在決策時必須徵求誰的意見，決策做出後必須通知哪些人。如果事先不做歸類的工作，最終決策的有效性將會受到嚴重的影響，因爲只有歸類之後才能使人明確哪些人該幹哪些事情，才能使決策轉化爲有效的行動。

歸類的原則共有四點：

①決策的未來性（一種行為方案的時間跨度及需要做出決策的速度）。

②決策對其他領域及職能部門的影響。

③決策包含多少方面質的考慮。

④決策的唯一性或週期性。

這樣的歸類方法可以確保一項決策眞正對企業有利，而不會在犧牲整體利益的前提下只解決眼前的或局部性的問題。這一辦法還可以根據企業整體目標和每位管理者自己所經營的單位的目標來對問題進行歸納和分類。這樣就可以迫使管理者從企業整體角度來觀察他自己所面臨的問題。

一家商業雜誌主管發現財務拮据，找出了問題的癥結在於廣告費率。然而，對事實和數據作了一番分析之後，他們終於看到了過去從未想到過的情況：他們發現雜誌銷售最為成功的時候，正是雜誌能向訂戶提供大量消息來源的時候。訂戶們對厚厚的月刊已經讀厭了，他們缺少的是短小精悍的新聞刊物。於是就在分析讀者數據的基礎上，對整個問題重新做了判定。如何才能將刊物變成為新聞雜誌？最後的方案是：出一個周刊。這個方案十分正確，事後所取得的成功充分說明了這一點。

管理者永遠不可能獲得所有他想要瞭解的事實。大多數決策都只能在不完全瞭解情況的基礎上做出。出現這種情況，一則是因爲沒有現成的資訊，另一則也是因爲要獲得完整的資訊需要花費太多的時間和金錢。做正確的決策並非一定要瞭解所有的事實，但是決策者必須要曉得自己還缺少什麼資訊，否則就難以判斷決策將會涉及到多少風險，也難以判斷所提出的行動方案的準確程度和可靠性到底如何。沒有什麼會比在資訊不完整、不確切的基礎上試圖做正確的決策更靠不住的了。如果得不到所需要的資訊，那就只好進行推測了。這些推測是否有根據，那就只能看事後的事態發展了。對做決策的管理者來說，醫生的一句老話很適用：「**最好的診斷學家並不是做過很多正確診斷的醫生，而是能及早發現並糾正自己診斷錯誤的醫生。**」而管理者想要這樣做，他首先必須瞭解在哪些方面他還缺乏資訊，所以不得不做一些推測。他一定要先弄清還有哪些情況。要想行動有效，決策者必須做好行動前的準備工作，不能鬆鬆垮垮，不見成效。

決策不可一蹴而就

如何才能使決策生效呢？首先，要做好行動前的準備工作。其次，要有充分的解決問題的決策方案。最後，任何解決方案必須要在行動上生效才行。

什麼才是正確決策，就要由「客戶」的需要來決定，不過這是一條有害的、騙人的原則。什麼是正確的，應由問題的性質來決定，而「客戶」的願望、需求和能否接受與決策的正確毫不相干。如果決策是對的，那就必須引導人們接受這一決策，不管開始時他們是否喜歡這一決策。

假如不得不花時間去推銷一項決策的話，那說明準備工作尚未做好，在這種情況下要使決策生效也是很難的。

雖然「推銷」決策一詞聽起來讓人覺得有問題，但卻指出了一個重要的事實：管理者決策的性質就是要通過其他人的行動來使決策生效。「做」決策的管理者實際上並沒做什麼決策，他只是設法弄清問題，制訂出目標及規則，給決策分類，將資訊做一番歸納，設法尋找可供選擇的解決問題的方案，通過分析判斷挑出解決問題的最佳方案來。然而，要使解決方案成爲一項決策，還必須要有行動，這恰恰就是做決策的管理者拿不出來的東西。管理者只能與其他人進行溝通，告訴他們應該做些什麼，鼓勵他們將應做的事情做好。只有當他們採取正確的行動時，決策才算被眞正地完成。

要將解決方案轉化爲行動，那就要求人們懂得自己在行爲上必須做出哪些改變，以及與自己一塊工作的其他人在行爲上也必須做哪些改變。他們需要學習的是以新方式行事所必須的和最基本的東西。如果這項決策要求人們一切從頭學起，需要他們徹底改頭換面，那就是一項差勁的決策。有效溝通的原則就是要用精確、明白和毫不含糊的方式指出重大的偏差，說明哪些是例外。這樣就能做到既經濟又準確。

但是，調動積極性是個心理問題，因此它受不同的規則的支配。它要求每項決策都能成爲那些將決策轉化爲行動的人的「自己的決策」。這反過來也意味著這些人應該以負責的態度參與決策。

當然，他們不必參與弄清問題的過程。首先，管理者在弄清問題和將問題進行分類之前並不知道誰應該參與。只有在弄清問題之後，管理者才會知道決策會有哪些影響，會對誰有影響。在蒐集資訊階段，他們不必參與，通常也不宜參與。但是，那些需要貫徹執行決策的人總應該參與到制訂可供選擇的方案這項工作中來。順便說一句，這樣也有利於提高最終決策的質量，因爲它可以讓管理者看到自己可能忽略的地方，幫他瞭解隱藏著的難點，使他發現某些可用但卻尚未用過的資源。

因爲決策會影響到其他人的工作，因此決策必須要能幫助這些人實現他們的目標，協助他們展開工作，使他們做得更好、更有效，讓他們有更大的成就感。它不應該是一項只用來幫助管理者提高效率的決策，也不應該是一項幫助管理者更容易地展開工作或者獲得更大心理滿足的決策。

使決策生效不是一蹴而就的事情，決策者必須有足夠的耐心和細心。

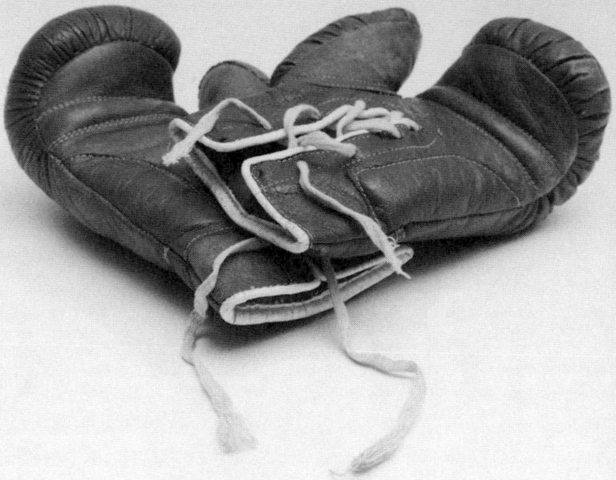

第六招

合成

正確的意見，
往往產生於不同意見的交叉點上

無磨擦便無磨合，有爭論才有高論。拙劣的決策者總是喜歡意見一致，似乎完全沒必要和他人商量，一個人決定就是了。真正的決策者應該做到：未聽之時不應有成見，既聽之後不可無主見。要知道，在決策前沒有一種意見是多餘的。

借眾見而謀灼見，因眾知以求真知。充分發揮集體智慧，是取得成功的法寶。

——日本豐田汽車最高顧問豐田英二

切忌一個鼻孔出氣

只是聽取一種意見而做出的決策，肯定不能彙整不同的意見。眞正有價值的決策是不同意見的綜合體，最起碼能代表大多數的不同意見。而在決策中，切忌一個鼻孔出氣——意見和看法一致，因爲這樣往往會導致盲從現象。

有的領導決策時不喜歡聽來自下屬和專家的不同意見，當然反面意見就更不用說了。原因呢？據說首先是怕受到各種不同意見的干擾，使自己無法做出決策，畢竟自己才是做決定的人，別人決不能代替自己做決策；其次則是擔心下屬和專家們所提意見儘管各有各的道理，但口氣都顯得很輕鬆，完全不考慮後果，畢竟爲決策的後果承擔責任的是他而不是下屬和專家；最後，則是因爲自信。

其實，後者才是領導者的眞正理由。領導者固然需要自信，可是自信用在決策上似乎有點不合時宜。況且再自信的領導也會犯錯誤，領導平時的錯誤只是小錯，決策時的錯誤則會影響全局，影響整個企業。有人說決策正確與否決定著一個企業的生死存亡，無數的企業領導犯了同樣的錯誤，結果把企業弄垮了！所以說領導者在做決策的時候需要的不是自信，而是比平時百倍過之的謹慎！

作爲領導如何才能謹愼從事？很簡單，就是聽取各種不同的意見。意見愈多，跟領導者本來的想法差距愈大，決策錯誤的可能性愈小。無論下屬和專家提意見時有什麼想法，也無論他們承不承擔後果，領導者只需要做到的是：豎起耳朵謙虛地傾聽。

不錯，決策最終還是領導者個人決定的，但是作爲領導可以綜合不同的意見，從不同的角度（每一種意見都有不同的角度）預測到決策的後果，然後才能做出最合理的，同時也是最完善的決策。

接納眾議，避免先入為主

沒有爭論的決策並不一定就是最好的。事實上，高明的決策者從不強求意見一致，卻十分喜歡聽取不同的想法、不同的意見。決策決非是在一片歡呼聲中能做得出來的。只有通過對立觀點的交鋒，不同看法的對話，以及從各種不同的判斷中做出一個選擇之後，管理者才能做出這樣的決策來。因此，決策的第一條規則就是：必須聽取不同意見，否則管理者根本無法決策。

高明的企業領導者作決策從來不靠「直覺」，他總是強調必須用事實來檢驗看法。他反對一開始就先下結論，然後再去尋找事實來支持這個結論。他懂得正確的決策必須建立在各種不同意見充分討論的基礎之上。

美國羅斯福總統每當需要對某些重要事情做出決策時，他會找來一位助手，對他說道：「我想請你幫我考慮一下這個問題，但請不要聲張出去。」（其實，羅斯福心中有數，即使說了這句話，此消息也會立刻傳遍華盛頓。）接著，他又找來幾位從一開始就對此問題持不同意見的助手，向他們說出了同樣的任務，並也叫他們「絕對保密」。這樣一來，他便可以肯定，關於這個問題的各個重要方面都會被考慮到，並且都會被提出來。他還可以肯定，這樣一來他就不會被某個人的先入為主的想法所左右。

不同的意見能使決策考慮的更加周全、細緻，防止出現偶然失誤。**而作爲領導在做決策時之所以要聽取不同的意見，主要有以下三個方面的原因：**

(1)這是唯一可以保護決策者不被機構的看法所左右的一條措施。每個人都想以自己的觀點來影響決策者，每個人都是一位專門的說客，都希望決策符合自己的想法（儘管常常出於眞心實意）。唯一能使決策人擺脫這種特殊呼聲和先入爲主的辦法，就是在決策前要先對各種不同意見進行辯論，讓每個人提出各自看法的論據，只有這樣管理者才能充分考慮種種不同意見。

(2)不同意見可以爲決策提供各種不同的選擇。決策有可能出錯，或許是因爲決策一開始就出了毛病，也可能是因爲外界情況發生了變化。假如領導者在決策的過程中已經考慮過各種可供選擇的方案，那麼在情況發生變化時，管理者因爲有一些經過思考的、做過研究的、自己深刻理解的方案可供選擇，他就能有備無患，不會束手無措。

(3)不同意見有助於激發人的想像力。

想像力需要被激發後才能充分地發揮出來，否則它只能是一種潛在的、尚未開發的能力，特別是那些經過縝密推斷和反覆思考的、論據充分的不同意見，便是激發想像力的最爲有效的因素。管理者所要處理的是一些難以預料的事情，不管是哪一方面的，都需要有創造性的解決方案，否則就難以開創新局面。所以，管理者更需要有想像力，從其他不同的、全新的角度去觀察和理解問題。

因此，講究效益的決策者懂得如何鼓勵別人發表不同意見。從不同意見中吸取營養，這可以幫他識別那些似是而非的片面看法，使他在做決策時有更加廣泛的考慮和選擇的餘地。萬一決策在執行的過程中出現了問題或發現了錯誤，那麼他也不會變得手足無措。不同意見還可以激發決策者及其同事們的想像力，可以將那些聽上去似乎有理的意見轉化爲正確的意見，然後再將正確的意見轉化爲好的決策。

事實上，聽取不同的意見對領導者沒有什麼害處：既不會損害他的威信，更不會干擾他的決定，而益處卻是很多的。

決策前，沒有一個意見是多餘的

「智者千慮必有一失，愚者千慮必有一得」。現代社會的競爭越來越激烈，決策活動越來越複雜，涉及的因素非常多，任何一個高明的管理者，要想避免失誤，唯一的妙方就是發動人人獻計獻策，充分利用集體的智慧。然而，「兼聽則明」並不是事到臨頭隨便徵求幾個人的意見就算數。企業家在群體決策時，應該掌握以下幾點。

(1)建立制度

日本豐田汽車公司以好產品好主意爲目標，車廠到處設有建議箱，各部門分別設立建議委員會、事務局，把提建議的方針貫徹到工廠的各個角落，並對提出好主意的人實行獎勵。美國的坦登公司，則實行「五分鐘」規矩，在這五分鐘內，「任何人都可以提建議」，參與決策，會上不允許對別人的意見進行批評，主持人也不發表意見，以免妨礙會議的自由氣氛。這些制度的建立，對尋找「高見」非常有效。

(2)提倡「唱對臺戲」

企業家在決策時應大力鼓勵有關人員各抒己見，大膽發表各種不同意見。「頭腦風暴法」即是一種。這種方法的具體操作爲：召集五至十名人員參加討論會，會議成員既要求有各方代表，又要求各方代表的身份、地位基本相同，而且要有一定的獨立思考能力，切忌人云亦云。會議時間一般以一至二小時為宜。會議先由主持人提出題目，然後由到會人員充分發表自己的意見。會上對任何成員提出的方案或設想，一般不允許提出肯定或否定意見，以免阻礙個人的思考。也不允許成員之間私下交換意見。每當某一代表發言時，其他人應該認真聽取意見，以便從中受到啓發。會議結束後，再由主持人對各種方案進行比較，好中選優。

(3)設立「智慧團」、「思想庫」

現代社會化大生產條件下，經營管理的任務更加艱巨繁雜，不僅家長制的領導管理方式已不適應，就是精通一兩門專業技術的「硬專家」，也越來越不適應了。因此，必須依靠「多種專家」、專家集團來管理企業。經濟發達國家在五十年代就開始出現大批的「智囊團」、「思想庫」。久負盛名的美國蘭德公司，三十年間出版了約一萬三千篇研究報告，在期刊上發表二千五百多篇論文，出版大約一百八十本書，對美國國內外政策均產生過強有力的影響，在國際上也頗引人注目。對於很多企業來說，委託專門的諮詢機構進行調查研究並提供可供選擇的決策方案，確實是一條非常有效的途徑。

(4)鼓勵全員參與

企業家在決策中，要採取多種方式，讓員工最大限度的參與。中國山東省新泰市毛紡廠尊重員工的地位，讓員工參與重大決策，真正實現了廠長當家，充分聽取群眾意見，員工參政，支持廠長勇闖難關。

群體決策，發揮的是集體的智慧。企業家在進行群體決策時，無論採取何種具體方法，都應該注意以下幾點：

第一，接受別人的意見一定要誠懇。即使聽到一些頗為自負的「大話」、「狂話」，聽到一些明顯不切實際的空話錯話，也不要反感、輕蔑。如果那樣做，今後別人即使有非凡的高明意見，也將閉口不談。

第二，要善於對各種意見進行比較選擇。人們所提意見的出發點不同，站的角度不同，看法也肯定不一樣。因此，企業家在決策時要虛心聽取別人的意見，但決不可完全依賴別人。對於眾多的意見，應該不考慮建議人的親疏和資歷威望，唯正確是納。

在反面意見中找到真理

被譽爲「天才決策家」的美國通用汽車公司總裁史洛安認爲，正確的決策，必須從正反不同的意見中才能得到。在一次高層管理者的會議上他說過這樣一段話：「諸位先生，看來，我們對決策的問題有了完全一致的看法了。」參加會議的人都點頭表示同意。他接著說：「現在，我宣佈會議結束，這個問題延至下次會議時再行討論。我希望下次會議能聽到相反的意見。」

我們知道，任何一個組織的決策者，往往由於所處的情境、條件、個人的知識、經驗、思想方法和所代表群體的利益，對每個問題的判斷、分析和處理都有定向性；組織或群體中的每一個人，也都因爲各自不同的需要、動機而有求於決策者，希望每項決策都對自己和自己所屬的群體有利。而決策者在面臨多種誘惑必須在若干取捨面前進行抉擇時，他們往往更傾向能爲自己和自己所屬組織或群體帶來較多好處的決策。因此，一個領導集體中常有不同意見的爭論，出現各種反面意見是正常的。

(1)好意見來自於爭論

只有引起爭論，有理性、有實據，經過深思熟慮的反面意見，才能保證決策者不至落入表面上一致的小團體意見的陷阱。我們發現一個組織或群體的成員總是喜歡尋求統一，以一致性常規壓抑行爲選擇過程中少數人的不同意見。持有與絕對優勢的大多數或執權者不同意見的個體在這種無形的壓力下，違心地隱瞞、掩飾、改變自己眞實的認識、情感和信念。幾乎所有的群體在民主氣氛淡化的情境中都程度不同地受到這種小團體意識的損害。

(2)反面意見本身往往是決策所需的「第二方案」

多種方案使領導者進可取、退可守，有多方思考、比較和選擇的餘地。決策只有一種方案，失誤的機會必高。當一種方案因爲決策錯誤或者其後因情況變化而不能付諸實施時，別無他途，只有背水一戰。

(3)反面意見還足以激發想像力

討論和表決中，在「反面意見」，尤其是面對權力的脅迫和在群體壓力下進行的辯駁與思考，是一種難能可貴的、經過啓發和刺激而出現的想像力，它常常爲許多問題的解決，開創出全新的解決方案。優秀領導者的決策，不是從眾口一辭中得來，而是以互相衝突的意見爲基礎，從不同的側面、不同的觀點、不同的見解和判斷中進行篩選。鼓勵反面意見，尤其鼓勵來自下層的批評和建議，集中群眾智慧，以便做出合乎實際的決策；同時，創造一種寬鬆的氣氛，廣開言路，讓人毫無顧慮地說出自己的牢騷和不滿，是一個領導者民主意識和心理健康的重要標誌。

作爲領導者一定要記住一句話：只有在反面的意見中才能找到眞理！

第七招

契機

早動手，好動手
晚著急，乾著急

誰在時間表上先跑一秒，誰就會先跑出幾十米。這就是決策的契機。大部分決策對企業而言都是非常緊迫、非常關鍵的；如果企業需要決策，就表示企業出了問題，至少不會是小問題，否則也不必勞師動眾費心費力地決策。

決策的時間性，是決定成功與否的關鍵所在。決定在馬進入倉庫之前鎖門，和馬跑了之後才決定鎖門，都一樣不合時宜。

——美國管理學家勞倫斯·彼德

把握時機就是勝利

決策包含了決斷。尤其是一些應付企業危機的緊急決策，更需要決策者超人一籌的決斷能力。決策除了本身完美無缺，還需要執行時把握最適當的時機。時機稍縱即逝，有信心的領導應該知道如何把握良機，正確有效地下決心。

作決策基本上分爲兩種情況：有問題需要處理或有機會可以掌握。

作決策前，區分你所面臨的情況，有助於選擇適用的技巧，做出正確抉擇。不論面對的是問題還是機會，時機極爲重要。從解決問題來說，時機尚未成熟時就貿然動手，顯得小題大做，過於焦慮；若遲遲不加處理，待事態擴大，又難以收拾。機會也如此，搶得太快，負擔開創的成本與風險，縱然心有未甘，只能眼睁睁看著後繼者坐收漁翁之利；進行得太慢則先機盡失，若大勢已去，唯有徒悲。

六〇年代中，日本的佳能公司決定進軍影印機市場，想從美國當時一家大公司手裡分一杯羹。佳能需要新英格蘭地區的經銷商，而找上了一個專修影印機的小生意人——狄斯耐。他欣然接受，全力以赴，成為佳能影印機在美國最大的經銷商，在新英格蘭地區更遙遙領先其他競爭業者。

你知道他的成功之論嗎？他說：「人家說時勢造英雄，我是碰到了機會時，剛好是在正確的時間、地點上，這很重要。更重要的是，當機會來臨時，我能夠看得出來那是個機會。大多數人憑感覺做決定，有什麼風吹草動，他們或者告訴自己：我要走運了，這不是個大好良機嗎？或者觀望再三，覺得事無可為，遂以不變應萬變。等別人創造了財富，他們才開始後悔：當初我知道那是個機會就好了，我曾擁有成功的機會卻沒有把握住。成功的關鍵就在於能不能『慧眼視良機』。」

只要把先後次序擺出來，做決定就容易了。但不論再怎麼令人動心，只要這件事違反了你的價值觀、基本理念或者長期目標，不做才是正確的決定。

娜姿龐百貨公司成功的原因，是對公司手冊中的規定奉行不渝。

美其名為手冊，其實只有薄薄一頁，上面僅有短短的一段話：「歡迎加入娜姿龐。我們的首要目標是為顧客提供一流服務，無論專業能力或服務態度皆須在水準之上。我們相信你能勝任。娜姿龐員工守則第一條：無論何時何地，善用你的判斷力。無其他員工守則。」

美國首屈一指的里歐納德乳酪場也是一例：「準則一：顧客永遠是對的。準則二：萬一顧客錯了，重讀準則一。」

兩個簡單、明瞭的準則是不是棒極了？

若你從事一門行業，老覺得顧客是錯的，那麼去當警察，不要開公司。每天娜姿龐的員工不知道要碰到多少要做決定的狀況，只要想想公司守則，什麼該做、什麼不該做就豁然開朗了。

把決策分類的方法就是——看看它是否適用你個人或者你所屬單位的基本原則。若答案是肯定的，毫無疑問，按著既定方針行事。原則不是不能變，必須是經過思考、有計畫、有系統地改變，而非偶爾出現幾個例外。

你從未想過自己有些什麼原則，回顧你做過的決定，理出其脈絡。愈清楚自己的原則，你做決定的過程會更輕鬆、更有效率得多。

當斷不斷，反受其亂

企業的很多關鍵決策，尤其是危機中的決策，對於時間的緊迫性要求極高。一個企業的老闆，面對形勢的變化應當拿出魄力與勇氣迅速採取措施，大刀闊斧，解決問題。

任何決策都是在已知條件有限的情況下做出的，根本不存在各種條件都一清二楚，結果也一目了然的決策。市場競爭莫不如此，而正是那些不爲常人所知的部分，才是企業家發揮才能的廣闊天地。因此，果敢與自信是一名優秀的企業老闆所必備的素質。

優柔寡斷對企業的決策者來說，往往是最危險的心理障礙，在做重大決策時，尤其應當避免。否則，就可能會帶來突如其來的災難。

能夠果斷做出決策的人爲數是極少的，能不能做到這一點可以說是檢驗將才的唯一標準。一個人如果能做到這一點，無論是男人或是女人，都會受到上司、下屬以及同事的高度尊重。果斷決策並不是說你要快速決定或者立刻行動，而是指毫不猶豫和無所畏懼地做出決定。

如果你想發展你的決斷能力，那你就必須有勇氣，還得有眞才實學。你必須善於研究和分析問題，抓住事物的本質，你必須對當時的形勢做出迅速而準確的評價，只有這樣，你才可能做出正確、明智、及時的決策來。

在條件極其不利的情況下，你必須具備運用正確的邏輯推理、運用常識性知識和運用分析判斷的能力，才能迅速地確定應該採取什麼樣的行動，才不至於失去轉瞬即逝的大好機會，除此而外，你還需要有相當的預見能力，以便你能夠預料你的決定實施以後可能發生的情況和反應。當形勢需要你對原來的計畫進行修改的時候，你要採取迅速的行動對原決策做必要的修改，這樣會加強下屬對你作爲領導的信心。

你怎樣才能做到這些呢？你怎樣才能爲你自己實現這些目標呢？一家大工業公司的副董事長兼總經理邁克爾．布朗說有一種方法能非常迅速地發展你的決策能力：「我們任何一個部門的管理人員在發佈命令、貫徹一項決議之前，他們總要問自己最後一個問題。」

邁克爾說：「這個問題就是：『如果……怎麼辦呢？』他們公司的每一個管理人員只要他在這裡幹一天，只要他在做決定或者發佈命令時，他的心中就會盤算這句話，這會使他犯錯誤的機會降低到最低限度。在我們建立這個簡單的政策之前，我們常常發現，今天的形勢往往會造成明天的問題，牢記『如果……怎麼辦呢？』有助於我們的管理人員和監督人員在許多問題還沒有發生之前就把它們解決了。對這短短一句話的效應我總是驚異不止的，我們認為這句話也確實重要，以致我們把這句話用大紅字寫成標語到處張貼。這句話在我們這裡眞正做到了深入人心。」

拖延決策的五種原因

急躁者會壞事，拖延者易誤事，堪稱「過猶不及」。慢也和急一樣，使人常常陷入問題的迷障。導致拖延決策，而且錯過大好時機的主要原因有五種：

(1)資訊太多

往往人們獲得一大堆資訊後，不但沒能理清問題，而且會更加迷惑，使人失去直覺判斷的能力。資訊太多確實是現代人的一大危機。

(2)逃避的心理

趨吉避凶是人性格的正確一面，有機會趕快迎上去，有麻煩眼不見爲淨，再平常不過。正如心理學上所說的「防衛機轉」，人們拖延做決定時，都有種種「正當」理由：

①不會發生在我身上。

②忙完手上的事再說。

③只有智者能看穿迷障。

④天塌下來有高的人頂著。

(3)滿足現狀

公司其實最有資格滿足於現狀，可是他們知道：花無百日紅，再好、再受歡迎的商品，總會有一天走下坡，居安當思危，否則很快就會身陷險地。對現狀心滿意足，會讓人忽略問題，蹉跎時機。在今天快速變動的商業環境，萬事常在瞬息之間，假如不能未雨綢繆，那麼難逃失敗之命運。

(4)耽於共同商量

假如必須做決定，訂一個截止日期，在這之前儘可能找人共同商量，而且時間一到便要執行。在公司裡，倘若期限已到，各有關人員雖然再三會商，可是仍未能對解決之道建立一個共識，那麼就應當由業務最相關的部門的主管決定。

造成人們反應過慢的原因，是沉緬於「集思廣益」的幻象，總想找更多的人商議。大家共同商量無疑有其效用，可是它最大的缺點是花太長時間來做決定。

(5)企圖預測未來

人們常浪費太多時間來預測未來，以致延誤了作決策的時機。未來不可完全預測準確，即使是經濟學家對市場的預測也常搞得灰頭土面。

果斷決策顯身手

一個企業不僅在如何正確決策時要果斷，在發現決策失誤時，也應立即採取果斷措施加以糾正，不應聽之任之。和優柔寡斷相反，果斷決策能令你得到下面這些好處：

(1)人們將對你的技巧和能力產生信心

當你能夠做出迅速而準確的決策時，你手下的人就會信任你。爲了能夠做出這樣的決策，你必須廣泛收集材料加以分析，下定決心，在下達命令時，要對你做出的決策充滿信心，要表現出無論如何都不可能失敗的樣子。

(2)當你對你的決策判斷正確、認識深刻的時候，人們就永遠會竭盡全力爲你工作

如果你能在最不利的條件下進行邏輯推理並能不失時機地利用各種有利的條件採取行動，你手下的人就會尊重你的高超的判斷能力和決策能力，他們會竭盡全力爲你效勞。

(3)你的下屬對工作將會變得更加有把握和更加果斷

作爲一個領導者，你應該爲你的整個企業樹立起這種榜樣，表現出這種姿態。如果你對你的行爲有把握、有決心，那麼你手下的人就會對他們的行爲有把握和有決心。他們自然就會成爲你的一面鏡子，在這面鏡子裡你可以看到你是一個什麼樣的人，你在做什麼，又是怎麼做的。

(4)人們都會找你徵求意見和尋求幫助

當你能夠做出正確而及時的決策時，人們就會有所感觸，他們會來找你徵求意見和尋求幫助，你將會成爲著名的解決難題的專家。這樣的名聲將會提高你在整個組織中的地位。

(5)將會使你擺脫挫折

沒有自己做決定的能力是一個人遭受挫敗的主要原因，這不僅表現在商業及管理方面，也表現在人們解決個人問題方面。

當你運用在今天所學到的制定決策的技巧的時候，你將驅散自己恐懼失敗的心理。你也會在處理有困難、有壓力的問題時獲得信心。不僅如此，你還會發現隨著你的能力的增強，你支配人的能力也會大大地增強。

如何實踐「果斷」決策

果斷決策說難不難，說易也不易。不難是因爲果斷決策只是一種簡單的選擇：幹還是不幹？不易是因爲果斷決策不但需要魄力和勇氣，更需要高超的技巧。

由於市場環境的不確定性、概然性，不僅給企業老闆帶來了風險與競爭，同時也帶來了希望與契機。在激烈的市場對抗中，企業的老闆假如不能發現機會，及時利用契機，就不可能正確的決策。

機會的捕捉要迅速、果斷。據統計，對於大多數商品，從最初的設計構思到生產，日本需要五個月，美國需要八個月，新加坡需要十個月，而香港只需三個月。一條新生產線建成，在香港第二天就可以生產，一個星期內就已操作自如。正是憑藉這種迅速、有利的捕捉戰機的能力，香港的手錶業、玩具業、電訊業等得以在最短的時間內迅速搶佔國際市場，產品能緊跟國際潮流。

有的老闆雖然洞察到先機，但行動遲緩，縮手縮腳，喪失了搶佔市場的良機。有的卻善於依據變化了的市場情況，迅速調整，改變生產工作流程，做出相應的組織、人事調整，率先推出新產品或者服務，搶佔市場，就可以獲得成功。

如果在該行動的時候沒有行動的勇氣，那你所具備的上述各種能力都變得毫無用處了，甚至再聰明、再能幹的人也會裹足不前。

怎麼做你才會鼓起這種勇氣呢？我認爲只有一種方法，那就是去做你認爲應該做的事情，這樣就會使你增強面對困難的勇氣。我認爲這種觀念恐怕是你能夠獲得的最有價值的一種觀念。

如果你去做你害怕做的事情，你就會得到做這件事情的能力。如果你不去做你害怕做的事情，你就絕對得不到做這件事情的能力。這種道理是顯而易見的。例如，假如你想成爲一名畫家，你必須得先畫畫。沒有別的方法能使你成爲一名畫家。你可以整天夢想你當了畫家之後會有多麼的榮耀和光彩，但是如果不實際拿起畫筆開始畫畫，你就不可能得到畫畫的能力。

當你不再害怕去做從前不敢做的事情時，你就完全可以控制那種恐懼了。那才是眞正意義上的勇氣。勇敢所指的並不是不把恐懼放在心上，勇敢的實質是控制恐懼。

作爲處在決策地位的管理者既應勇於決策，也應謹愼從事，切忌一哄而起，人云亦云。中國人有典型的「從眾心理」，這對決策者來說應當保持警惕。因爲決策應建立在科學論證的基礎上，應當從市場需求、競爭者及自身實力狀況等事實入手。一哄而起者由於不是建立在客觀分析基礎之上，其最終結果必然是一哄而散，陷入者往往傾家蕩產。

一九九二至一九九三年時中國廣東、海南出現投資熱，投資的焦點是股票、地產和房產。各大證券公司營業櫃檯均排起了購買股票的長龍，而有人竟不知股票能賺錢，也會賠錢。房產市場整億整億的資金注入，投機商爆炒各種花園、別墅，房價則坐飛機似的攀升。今天是新紀錄七千多元一平方，明天就直逼八千大關。地產市場更是大爆，市區爭完爭郊區。其實細究起來，最終大發橫財的只是那些投機商，他們低價買來以後，通過各種管道，把地價抬高，然後高價售出。而大多數迎風者不知虛實，仍在你爭我奪。一旦房地產市場陡落，這些人必然要落得個血本無歸。一九九三年起，中國中央緊縮銀根，控制信貸規模和通貨膨脹。房地產市場轉入低潮，泡沫經濟迅速崩潰。很多投資房地產的開發商叫苦不迭，損失慘重。

一名經營者在做決策時，必須洞悉自己的責任所在，本著虛懷若谷、小心謹慎的態度。在遇到應該下決斷時，也不能逃避責任，應當盡自己所能，勇敢而適當地做一決斷。企業的經營者位於企業的權力中心，要負責整個企業的計畫、生產、經營、宣傳、銷售、服務諸方面的決策。在其位就要謀其政，既不能尸位素餐，也不能盲目決斷。

前面說過，果斷決策不但需要魄力和勇氣，還需要高超的技巧。沒有技巧的果斷無法得到下屬完全的信服，便不能得到眞正的貫徹執行。所以，身爲企業領導要想做到果斷決策，必須掌握下面五大障礙：

(1)要求永遠正確

其實，不可能有一個人會是永遠正確的，即使犯了什麼錯誤，如果能做到及時更正就不會使錯誤繼續發展下去，就不會造成不可挽回的損失。無論什麼時候，只要你發現自己的決定錯了，就要立刻下令停止，重新修改，以減少不必要的損失。

當你拒絕承認自己的錯誤時，通常都會把事情弄得更糟。承認你錯了並不等於承認你愚蠢，可是，當你明知自己錯了而又不想改變主意，頑固地堅持自己的錯誤，這就是愚蠢的表現了。

(2)混淆客觀事實和主觀意見

你的決策是建立在堅實的事實基礎之上的，而不是建立在你的感覺之上的。如果你不能把客觀事實和主觀意見分開，就會遭受各種各樣的煩惱。

「建立在感情基礎之上的腦袋一熱做出的決定很少有客觀價值。」一家商店的經理李先生告訴我說，「依我看，直覺在管理中沒有什麼地位，例如，我們的人事經理就因爲一個人用菸斗抽菸，就退掉那個人的應聘申請書，據說那是一位學商業管理的很有才幹的大學畢業生。人事經理認爲這個人肯定是一個沉湎於夢想、不冷靜而又不講求實際的人。這就像說『嘴上沒毛，辦事不牢』，或者說紅頭髮的女人都欲望強烈一樣，我父親就傾向於這種看法。」

(3)不瞭解足夠的情況就匆匆地做出決定

缺乏對情況的足夠瞭解往往會做出錯誤的決定。誠然，有的時候你不可能得到你所需要的全部事實。但你必須運用你以往的經驗、良好的判斷力和常識性知識做出一個符合邏輯的決定。但是爲圖省事而不去收集可資參考的各種事實，那可是不能讓人原諒的。

例如，我認識的一個人，我管他叫張某。他從一開始就有機會參與一筆雖然有風險但卻能掙大錢的生意，但由於他怕賠錢，還有其他重重的顧慮，所以總是猶豫不決，後來，他沒有參加進來。他說他想參加，但就是沒有確切的根據，他終於失去了這個大好的機會。爲什麼呢？就是因爲他沒有得到足夠的情報，所以他也就無從做出正確而明智的決定。

(4)害怕別人有什麼想法，更怕別人說三道四

有很多人不敢大膽地說出自己的心裡話，這是因爲他們害怕別人可能有什麼想法，更怕遭到別人的議論。他們猶猶豫豫不敢宣佈他們的決定的主要原因是害怕別人批評。這就是說他們需要別人認爲他們好，不能認爲他們不好。

希望別人尊敬是我們人類的最基本、最自然的一種願望，但那也是有限度的。你要記住，你對別人可能想什麼或者說什麼是不負任何責任的，你只對你自己說什麼或做什麼負有責任。

(5)害怕承擔責任

對於有些人來說，一個決定不是一個選擇而是道堅硬的磚牆，那將使他們做任何事情都會感到軟弱無力。這種恐懼是緊密地與害怕失敗相連繫著的。多數的心理學家認爲這是商人走向成功的最大障礙。

擁有了非凡的魄力和勇氣，又克服了上述五大障礙，果斷決策對你而言，就不是什麼難事了。

第八招

技術

最會幹活的人
是用技術代替工具的人

工具的優劣，能影響到做事的效率。工具的改變，甚至能引起一場革命，最典型的莫過於工業革命。21世紀是資訊時代，一個21世紀的企業決策者如果拒絕使用電腦，其荒謬程度就像一個現代人裹著樹皮、穿著獸衣一樣。

把決策放在科學的天秤上，就能發現其可信程度，否則，這個決策就會令人不安。

——美國管理學家卡特·傑克

跟上資訊時代

決策是資訊的加工器——沒有決策，資訊永遠是「原材料」，沒有資訊，決策只能是虛張聲勢。資訊時代的決策已經突破了傳統比較遲緩保守的特點，要進入「高速資訊網」，才能跟上時代的節拍！

所謂「時代錯誤」，就是指一個人所做的事、所採用的工具、方法和技巧，都遠遠落後於他所屬於的那個時代。

好比一個人在資訊時代卻不會用電腦，甚至不瞭解電腦的巨大作用和強大功能，反而執意排斥，繼續使用他的那套老方法、老工具。這種錯誤，平時聽起來可能像天方夜譚，只是可笑而已。然而這種錯誤如果發生在企業的決策者身上，就不僅僅是可笑，還會帶來嚴重的後果。

我們知道，決策者在蒐集情報、統計數字時需要做十分繁雜的工作，這種工作由人來做不但吃力，而且容易失誤。比較而言電腦雖然也會犯錯，但機率要小的多。決策者放棄速度快、錯誤率少的電腦不用，堅持使用人力，不但浪費了資源，效率又差，並且一個小小的失誤就會導致決策失敗！

美國著名決策大師里查德・黑斯曾開玩笑般地說：「作爲一名企業領導別跟時代過不

去，你的生命和你的決策都是難能可貴的。假如你想在時代的屁股後面搞點決策的小動作，你就是裝在套子裡的人。」

這種幽默的語言，刺透人心。總之，千萬別在時代的屁股後面搞決策的小動作！

與電腦對話

沒有電腦參與的決策，已經不符合時代的要求了。試想一下，你是一個決策者，當走進那些具有現代化決策方式的公司，你的心裡能平靜嗎？你的臉色能不難看嗎？

現代社會，是一個與電腦對話的時代。在做決策的時候，每個決策者都想做得更快、更好、更有效率。爲此，必須有一種新的工具——電腦。幾十年來一些具有豐富想像力的人一直在做這些事情。而新工具的作用就是使這些技術能成爲每個人隨時可以使用的一種技能。這些工具能武裝、開發和引導人的想像力。

從實質上說，這些東西與其說是決策的工具，倒不如說是資訊工具，是處理資訊的工具。作爲資訊工具，它們是最好不過的。其實，這已不再是一種奢望，在十年到二十年的時間裡，這些邏輯和數學分析新工具將會取代我們現在十分熟悉的傳統財務會計法。

新工具不僅可以描述現象，而且還能指出隱藏在現象背後的問題。新工具重視行動，可以向人們顯示各種可供選擇的行動方案，並能告訴人們每種方案的含義。因此，它們能使所做出的決策在長遠影響、風險及機率方面更趨向合理。這些資訊恰恰就是每位經理在制訂自己的工作目標時所必須具備的，因爲只有這樣，經理才能對企業做出最大的貢獻，才能對自己實行自我控制。

經理本人並非一定要懂得如何操作這些工具，極爲關鍵的是經理要讀得懂銷售圖表，他不僅要知道什麼時候該請一位專家來進行諮詢，而且還應知道對專家該提出哪些要求。最重要的是經理必須要懂得決策所涉及到的基本方法。如果對這些基本方法不理解的話，那麼他要麼根本沒法使用這些工具，要麼就會過分強調這些工具的作用，把它們當成了解決問題的關鍵，於是必然會造成以小聰明來取代思考、以機械的辦法來取代判斷的結果。對這樣的經理，新工具幫不上他什麼忙，因爲他不懂得在決策的過程中他還需要搞清問題，進行分析，做出判斷，承擔風險，最後才能使行動生效。這樣的經理將會成爲自己手中決策的犧牲品。

從網路找感覺

在各種各樣的新工具當中，效果最好、最有革命性意義的首推電腦！

今天我們有了電腦，那麼關於決策的原則是否仍然管用？有人正在告訴我們：電腦將會取代決策者，至少在中層管理部門是這樣。幾年後，電腦將代替人們作各種經營方面的決策，要不了多久，電腦還可以代替人們來作戰略性的決策。

實際上，管理者今天正在作的往往只是一些就地適應性的變動，而電腦的出現將會迫使他們將今天正在採取的這些適應性變動提高到眞正決策的高度。電腦將會把許多傳統上只喜歡「奉命行事」的管理者改變成眞正含義上的管理者，改變成眞正的決策者。

電腦是決策者的有效工具，它對工作從來不會感到厭倦，永遠不會感到疲勞，加班也不需要付加班費。像其他所有能幫人把事情做得更好的工具一樣，電腦可以使人的能力成百上千倍地增長。可是電腦也像其他所有的工具一樣，能做的事情總是有限的，具有它自己的局限性。電腦的這種局限性將使我們的管理者不得不自己承擔起做眞正決策的責任，並可將目前這種適應性變動的做法提高到眞正決策的水平上來。

用其物不為其所用

「電腦能幫助我解決百分之九十八的決策準備工作！」這是比爾・蓋茲的感想！不過，電腦和其他任何事物，既用它的長處，也有它的短處。決策者只須揚其長，避其短，便可熟練運用電腦決策。

電腦的長處在於它是一架邏輯機器。它能按照輸入的程式進行精確的運算，可以說是又快又準。正由於這樣，它也是白癡，因爲邏輯基本上是無知覺的。但是人有洞察力，會根據現場的情況做出靈活反應。這就是說，人也可以根據少量的資訊來推斷事物的全貌，即使是一點資訊也沒有，人照樣可以做出類似的臆測。人不需要任何程式就能記住大量的事情。

一位典型的傳統的經理經常會遇到的便是關於庫存和運輸方面的決策。而他做決策時，通常採用的辦法是根據當時現場情況採取相應的措施。一位典型的地區銷售經理雖然不能確切了解情況，但對下列事情他心中卻十分有數：客戶A的工廠嚴格按照生產計畫進行運轉，如果已經答應的供貨不能按時到達，將會引起很大的問題；另一位客戶B通常手頭總會保留一些庫存備件，因此就是供應晚了幾天，問題也不大；第三位客戶C對本公司已心懷不滿，正在尋找適當的藉口，以便另找商家購貨。他還瞭解在本公司的製造廠裡，只要他對這位或那位負責人說點好話，他就有可能會得到某些額外供應。就在這些經驗的基礎上，典型的銷售經理就會根據當時的具體情況做出一些適應性的決策。

而電腦卻無法瞭解這些情況。或者可以這麼說，如果別人不明確地告訴電腦公司對某個客戶或某種產品已有了哪些政策的話，那麼電腦是無法瞭解這些情況的。電腦能做的只是對輸入的程式和指令做出反應。

如果公司想用電腦來管理庫存，那麼它必須先制訂一套庫存的規則和政策。在這過程中，公司又發現關於庫存的基本決策實際上不僅僅是庫存決策，它竟成了風險極高的企業決策。庫存其實只是平衡各種風險的一種手段，這些風險包括：客戶對供貨和服務是否滿意；產品生產的能力是否穩定；將資金積壓在商品上，而商品可能會變壞、過時或失去價值。

解決上述問題，需要有一項充滿風險的決策，特別是需要有一項原則性的決策。只有做出決策之後，才能盼望電腦來管理庫存。由於這些決策都帶有不確定性，因此不太容易給有關事項一個明確的定義，但這定義卻是運用電腦所不可少的。

一個懂得揚長避短的決策者，才能最大限度地發揮電腦的作用，限制它的缺點。

善於拐彎抹角

電腦的產生和運用，同時迫使決策者「拐彎抹角」改變思維方式，朝著更有利的方向發展。因此，只有多一點拐彎抹角，才能做出更好的決定。

爲了使電腦能按照人的要求平穩地運行，對有關的事件做出預期的反應，那就必須對決策進行周密細緻的考慮，而且還要使決策有一定的預見性。做這種決策不可以隨心所欲，它必須是一項原則性的決策。

出現這種情況，原因並不在電腦。電腦作爲一項工具，它不可能成爲任何問題的原因。它只不過是將正在發生的情況明白無誤地擺到了人們的眼前。這樣一來，決策不再是最高層中少數人的事。在現代機構中，幾乎每個工作者或多或少都已成爲決策者，要不至少也得在決策的過程中發揮著積極的、主動的和令人大開眼界的作用。在過去，決策是一件高度專業化的工作，它是由極少數人和專業部門來做的。而對其他部門來說，只是按照某種習慣的模式貫徹執行這些決策罷了。可是在當前那些規模較大的知識機構中，決策正在變成一種常規工作，儘管目前尚未達到日常工作的程度。進行有效決策的能力，現在已越來越成爲知識工作者工作能力強弱的一種表現，至少對那些想提高工作效率、負有一定責任的知識工作者更是如此。

電腦新技術的出現，迫使我們在決策上進行轉變，在這方面的一個典型例子就是人們常常談起的「計畫評估及審查技術」。這種技術可在高度複雜的程序中爲我們提供完成關鍵任務所需的路徑。它是一種控制程序的技術，它能對一項任務中的每件工作進行預先計畫和定義，確定它們之間的先後次序和相互關係，並能估計出每件工作完成的最後期限，從而使整個任務能按照要求如期完成。這樣一來，可以大大削減作臨時適應性決策的必要性，取而代之的卻是高風險的決策。當然，剛開始使用這一技術時，操作人員還得印出一張計畫評估及審查計畫表，而表上對每項工作的判斷都會有些錯誤，這是因爲他們仍舊想採用臨時適應性決策的辦法來解決只有系統的風險決策才能解決的問題。

電腦與戰略決策

對一個掌握時代脈搏的決策者而言，電腦對決策的作用實在是太大了！

電腦對戰略決策也有著同樣的作用。電腦當然不可能代替人們來作戰略決策。但是只要人們對心中尚不太有數的未來做出了某些設想，那麼電腦就能推理出這些設想將會產生哪些結果；電腦做這些事，主要還是依靠運算。爲了便於運算，電腦需要人們爲它準備好思路清晰的分析，特別是對決策必須達到的界限條件有極爲明確的陳述。這就要求人們必須先做出重要的、但卻帶著風險性的判斷。

電腦當然還可以用於決策的其他方面。比如，只要使用適當，電腦可以幫助高級管理者從繁雜的事務中解脫出來。由於缺乏可靠的資訊，他們往往不得不埋頭於那些事務之中。有了電腦後，管理者就會有更多的機會走到外界去看一看，因爲只有外界才是企業效益的眞正根源。

電腦還有可能會改變決策過程中常犯的一個錯誤。我們過去常常容易將一般性的情況當做特殊事件來加以處理，因爲我們習慣於按表面的症狀來進行診斷。但電腦只能處理一般性的情況，因爲電腦裡的邏輯只能識別一般性的情況。因此，在未來，我們很可能會犯另一種錯誤，那就是會將有些獨特的、例外的情況當做一般性的情況來加以對待。

電腦帶給我們的最大衝擊，恰恰在於其自身的局限性。這種局限性將會迫使我們去做更多的決策，特別是迫使中階主管們從決策的執行者轉變爲決策者。

業務經理們若能早點學會通過對風險和不可知因素的研究和判斷的方法來進行決策的話，那麼我們就有望克服目前大企業裡存在的一種通病——對上層管理人員的決策能力缺乏培訓和測試。

當然，電腦也不可能把普通職員都變成決策者，這就好像計算機不可能把一個高中生變成數學家一樣。但是電腦將迫使我們早早做出選擇：是當一名普通職員呢，還是當一名潛在的決策者？電腦將爲潛在的決策者提供目標明確、講究效果的決策學習機會。不過他必須敢於去操作，並把它操作好，否則的話電腦是不會自行運轉的。

的確有充分的理由可以說明，電腦的出現已激起了人們對決策的新興趣。但這並不是說電腦將會「取代」人來進行決策。電腦眞正的好處是它可以代替人進行複雜的運算，從而使機構內的各層管理人員有更多的時間可以學習如何當好管理者，如何做出卓有成效的決策。

因為有了電腦的幫助，即使企業在做複雜的戰略決策時，也不致出現大的失誤。

學會用電腦決策的方法是：

①接受大量的有用資訊。

②試著在電腦上進行數據統計。

③試著在電腦上進行圖表分析。

④看一看電腦上決策的精確度和速度是怎樣的。

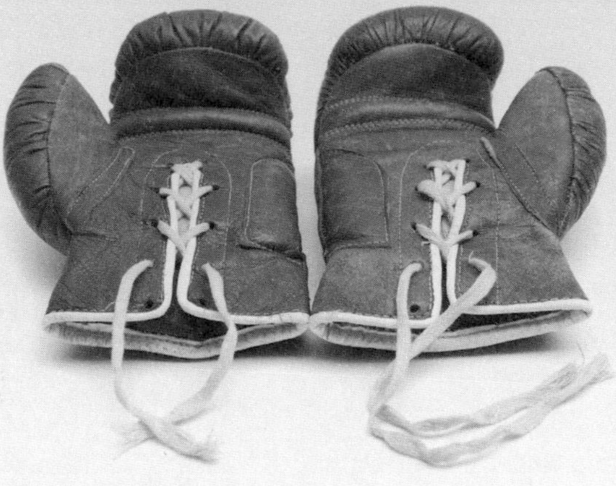

第九招

預測

通過預測所獲得的利潤
相當於預測費用的50倍

決策需要預測，就好像要建立一個事物的模型。預測的錯誤就好像一個模型上出現的缺陷。眼光粗糙的決策者，決策時常常會陷入預測的錯誤之中無法自拔。

聽不得不同意見的人，對相同意見也不會真正重視；而他人的見解或許恰恰反映出你的盲點。

——美國麻省理工學院教授克魯格曼

洞穿迷霧

古人云：「凡事預則立，不預則廢。」預，就是預測。預測就是對未來的研究，對客觀事物未來發展進行預料、估計、分析、判斷和推測。一個國家、一個企業的興旺發達，或是衰落破產，或是居於中段，隨波逐流，都是被決策所支配的。科學的決策能使企業絕處逢生，充滿生機，立於不敗之地；盲目的決策則使企業失去市場，處於劣勢，甚至造成破產。然而，正確的、科學的決策並不是所謂「眉頭一皺」，就能「計上心來」，而是建立在正確地整理、分析客觀事實的基礎上，進行科學的、合理事物發展規律的預測才能做出來的。因此，預測是決策中必不可少的重要一步，是制定企業戰略的前提。

一九七五年，美國亞默肉食加工公司老闆菲力普．亞默從一條資訊中發現墨西哥正流行疑似瘟疫的傳染病。他馬上敏銳地意識到，如果墨西哥發生瘟疫，一定會從加利福尼亞和德克薩斯州邊境傳到美國。而這兩個州正是美國的主要肉食供應基地。於是，他馬上派專人飛赴墨西哥調查。幾天後得到報告，證實墨西哥確實發生了瘟疫，而且很厲害，難以控制住。此時，他馬上集中全部資金從加利福尼亞州和德克薩斯州購買肉牛和生豬，並及時運到美國東部。果然，他的預見很快得到證實，瘟疫從墨西哥傳染到了美國西部的幾個州。美國政府下令，禁止一切肉食品從這幾個州外運。於是，國內肉類奇缺，價格暴漲。

亞默囤積的豬牛供不應求，短短幾個月內淨賺三千九百多萬美元，一時成為商壇佳話。

分析亞默的成功，可以看到科學預測的巨大威力。而且，他的「先見之明」，不僅是一些理論和公式的推導，關鍵是在掌握資訊的前提下進行科學的歸納、推理和準確的判斷。所謂未卜先知，並不是價值坐在屋裡幻想和空想，而是依據佔有的大量的資訊和對資訊進行正確地分析、推理和判斷。亞默的成功，正是建立在上述基礎上的。

一句話，所謂「先見之明」，就是企業領導者能夠預測未來，爲自己決策避免一些盲目性，而增加一些可靠性。因此，企業主管的眼睛應當是「千里眼」！

防範預測的盲點

預測是引導你做出合理決策的初步設想，沒有它你的決策可能就會很隨意，很被動；相反，有了它，可以使你的決策帶上比較強的目的。要注意的是：任何預測都不可能千眞萬確，總會出現一些錯誤。這是因爲任何事情都有自己發生和變化的特點，有些因素可以主觀控制，有些因素則是非人力所能及，譬如說原材料短缺等。

企業的領導者在做決策時經常避免不了預測的盲點，即針對錯誤的問題進行解決，未經深思熟慮就爲決策設想出一個預測，卻因此忽略了最好的選擇，或看不見更重要的目標。這種錯誤使決策者一開始就走錯了路，最後的結果也就可想而知了。

預測無可避免的要設定出範圍，即考慮什麼，不考慮什麼。此外，不是所有考慮的因素都要予以同等重視。我們的預測主要是在對某些主要事項進行考慮，而對其他部分則淡化處理。

舉例說，如果一位廣告代理商簡單的問，「我們要如何才能降低成本？」或是「其他的廣告代理商要如何才能降低成本？」此類問題將其從業人員導向一些簡單的降低成本技巧，諸如延緩辦公室設備的購買，或是解雇一些不具有生產力的員工等。現在又假定是同樣的廣告代理商，如果在其預測中多加一點詢問材料的話：「其他類別的企業是如何降低成本，而又不損及產品呢？」這就開啟了一個更具有新穎特徵的決策。

由此可知，只有消除預測的盲點，才能做出最好的決策，更迅速地解決問題。且人們對問題的預測方式將大大影響其最終解決方案的抉擇。

有一家大消費產品公司提升行銷副總經理至執行總經理，他總是集中注意在了解顧客與滿足客戶需要的舊觀點上。身為總經理的他，下令公司推出幾十種新產品、新款式、與新顏色；他保證每一處零售店都願意儲存極其大量的存貨，以防缺貨。

一點也不令人驚異的是，該公司承受不住這種單項具有壓制性力量的預測。在幾個月後，工廠經理已無法執行這位最高主管的命令，因為成本與交貨期都難以掌握而應付不過來。而且庫存增加，積壓資金，導致利息費用狂增。在連續幾年的虧損後，董事會不得不請他離開公司。

有些公司一虧就是好幾年，因爲他們將自我封閉在不合適的預測之中。最佳的預測能表明什麼是關鍵之處，什麼是不重要的。儘管它們也是同樣將現實問題加以認眞考慮，但市場預測會對未來的資訊更具有開放接納的效果，在這方面遠勝過那位由行銷副總躍升的總經理所採用的預測手段。

當面臨新的問題時，好的決策者（其他絕大多數人也同樣）會仔細地解決發生問題，特別愼重地創造出一個決策預測。

但是由於部分企業領導水平的限制，很少人會對他們所採用的決策預測有充分的瞭解，常常瞎開會，亂發表意見。相反，能撥開迷霧，看清眞相，就能玩出一點「絕活」來，做好決策，創造效益。預測的道理是：看清模糊的東西，看準發展的目標，比別人更能掌握機遇。如果預測能做到這一點，你就可能會做出更佳的決策。一位高層經理主管的最重要任務就在創造能讓公司贏定的預測。

爲了瞭解你自身的預測，首先要思考：

①你對問題所定的範圍。
②你用來界定成敗的參考點。

③你用來評估比較用的標準。

這看起來像件繁雜的大工作，在你第一次做的時候，它眞是件比較複雜的工作。但就長期來說，訓練有素的決策方式不會比那些未經訓練的方式吃力。一個沒有缺陷和盲點的預測，可以使決策過程少走許多彎路。

從預測範圍開始下手

作爲領導者，也作爲決策者，怎樣才能爲決策創造一個完善的——也就是贏定的預測呢？請先從確定預測的範圍做起：企業存在的最終目的，就是賺取「陽光下的利潤」。

在日益激烈的市場競爭中，企業怎麼預測產品的目標市場、拓展一個最佳的市場生存空間，是企業決策的關鍵。可以從以下的例子看起：

在中國大陸兒童營養液市場上，「貝貝血寶」自一九八九年問世後始終穩定保持著年銷售額二千萬元的成績，「貝貝血寶」的成功之處就是做出了集中性市場行銷決策。

(1)走自己的預測發展範圍

在八〇年代中期，由於中國大陸經濟情況的改善，父母們一般都不惜代價精心培育，期望子女能夠健康成長，兒童營養液由此應時而生。

中國浙江康恩貝公司透過分析市場後，從自身作爲專業藥廠的優勢出發，不隨主流，另闢蹊徑，向兒童補血方向發展，而且邀請了上海兒童醫院營養研究室的兒童營養專家們一同參與研製。

貝貝血寶問世後立即引起轟動，當年就以補血功能佔據了它自己的兒童營養液市場，以後每年銷售額都穩定在二千萬元以上。

(2)擴大預測產品的範圍

貝貝血寶在市場上扮演著特色產品專家的角色，其包裝摒棄了市場上長方體式包裝而採用小房子造型，用卡通形象與紅色爲基調，迎合了兒童的心理，非常具有特色。

康恩貝公司在產品定位方面捨棄了與大市場競爭，轉而追求局部優勢，願意當市場補缺者，而且使自己的資源能力比其他大企業更好地服務於這塊「夾縫地帶」，貝貝血寶在兒童補血營養液的市場佔據了優勢地位，而且獲得了較高的收益。

(3)市場補缺者預測回應情況

貝貝血寶正在研製的時候，中國大陸兒童營養液已經不勝枚舉，一些人懷疑若再創造一種營養液是否能夠爭取到足夠的市場空間。

事實上，沒有一種產品能絕對地全面霸佔市場，許多相對狹小的市場需求就猶如一個個「夾縫地帶」，即是市場空缺。較爲理想的市場空缺必須具有下列個性：此空缺市場具有足以獲利的規模和購買力水平；此空缺市場具有成長的潛力與購買力水平；市場上主要的競爭者對此空缺市場暫時提不起興趣；此廠商有足夠的技術與資源，可以有效地服務此空缺市場。

那時中國大陸兒童缺鐵性貧血發病率達百分之五十至百分之七十，嬰兒更是高達百分之九十，沒有下降的趨勢，生產專門糾正與預防兒童缺鐵性貧血的營養液，肯定具有發展商機。所以，貝貝血寶定位爲糾正和預防兒童缺鐵性貧血的兒童營養液。

在一些大城市的幼兒貧血率逐漸下降時，康恩貝公司又一次根據兒童營養專家的提議，適時地將貝貝血寶再次定位於爲「孩子即使再健康還要進行常規性補血」的營養常規補劑。因此，貝貝血寶一直霸佔著既安全又能獲利的市場空缺。

(4)兒童營養專家預測廣告方案

市場補缺戰術的主要概念是專業化，廠商需要隨著市場、顧客、產品、價格、銷售管道、推廣、品牌來實施專業化。

貝貝血寶的廣告決策就是樹立「兒童補血營養專家」的形象，明明白白實實在在地告訴廣大的消費者，它的好處與留功用而給小孩服用的貝貝血寶是大多由母親購買，所以，貝貝血寶以後的廣告策略就是展開了以針對家庭主婦爲主的宣傳攻勢。在保健品良莠不齊的現在，貝貝血寶重新調整了廣告策略，回歸自然，設身處地站在消費者一邊，提出「我為什麼要買貝貝血寶？」頗入人心。

(5)以點帶面預測銷售方案

貝貝血寶的銷售決策是：劃分管理，按照層次指派出一人，建立銷售點，每個銷售點運用經銷商制霸佔市場，由經銷商將商品傳遞給消費者，具有發貨方便、回籠貨款方便、聯絡感情方便、收集資訊方便等特點，而且還可以大大提高產品的市場佔有率銷售率。而公司對經銷商直接發貨，環節少、費用少，有利於公司和經銷商雙方利益互補，並按銷售政策進行多銷多獎，所以，經銷商的積極性都很高。

因為各地的經銷商均經過物色選定，所以他們的素質較強，資金實力較雄厚，活動能力較強，貨款支付能力較可靠，這樣能大幅減少銷售費用，加速貨款回籠，促進了企業良性循環。

貝貝血寶在每個經銷點都選擇二至三名經銷商，就促使他們在服務上有了競爭，有利於公司控制市場。而且，每個點的行銷人員負責當地的宣傳與推銷決策，像鞏固根據地一樣，將貝貝血寶逐漸滲透到各個角落。那些銷售點就像一張網上的一個個結，結成了遍佈各地的銷售網路。

通過上面這個例子，我們發現浙江康恩貝公司在預測方面下了很大功夫，做了大量的市場範圍的調查研究，如市場同類產品的情況、市場消費的心理、市場營銷手段等，這些預測範圍看起來簡單，實際上涉及到大量的事實收集、數據分析工作，如不這樣做，被預測的範圍就缺乏客觀性，會給決策帶來致命的打擊。假如能在每一項預測範圍的基礎上，建立相應的有效決策，那麼就會使最初的預測成爲贏家手段。

選擇最佳的預測座標

英國管理學大師考爾曼．奎斯特俏皮地說：「預測不是在決策面前隨意玩耍，而是要到一種經營觀念的座標中去尋找眞相。」的確如此，座標的選擇，能對決策的預測產生重大的影響。座標好比是物理學中的參照物，選擇不同的座標，對決策預測的影響也大不相同。

預測的座標——決策者用以判定成功或失敗的因素——能用來判定決策，同樣的也能用來判定預測的範圍。在決策預測上，座標的作用就像圖畫或原圖的中心焦點。如同技術純熟的畫家能在帆布上選擇最佳的焦點，技術純熟的決策者也能在處置問題時選出最佳的座標。

很多人不用腦筋去思考他們的預測的座標，是因爲他們無法瞭解預測的座標是如何影響其決策。應該講，凡是正確的決策，都必須有可靠的預測座標存在。

八〇年代初期風靡全球，廣受年輕人喜愛的「隨身聽」，是日本新力公司董事長盛田昭夫依個人決策而發展出的得意傑作。「隨身聽」的產品決策來自於：除了「室內、汽車」之外，是否也可以享受音樂。此一異想天開的決策，後來竟成為「隨身聽」主要的「賣點」，因此暢銷全世界。

當他把這個構思在公司的產品設計委員會提出之後，除了一個年輕人興致勃勃地表示這是個很棒的構思之外，其他的人都認為不可思議而加以反對。盛田昭夫幾乎費了九牛二虎之力，才說服該委員會的成員接受他的提案，開始著手著開發「沒有錄音功能的『隨身聽』」。

產品開發成功之後，第一批的生產量是三萬台，許多人對於這三萬台的銷路表示憂心，誰能料到，「隨身聽」上市之後，立即引起年輕人的搶購，銷售量勢如破竹，幾創紀錄，到該年年底的銷售量就已突破四十萬台，盛田不但保住總經理的職位，而且該產品還成為該公司獲利最多的商品。

緊接著「隨身聽」在產品功能上再作改良，以擴大市場以及應付競爭者的挑戰。首先以黑色、紅色作性別上的區隔，接著又開發出慢跑、雪地、潛水等不同功能的專用隨身聽，使愛好各種戶外運動的人也都能同時享受音樂。

此外，更在輕、薄、短、小上再次突破，使它的體積相等於一個卡式錄音帶，攜帶更方便。到了第三年「隨身聽」在全球的銷售量，已達到四百萬台，創造了該公司單一產品在一個年度內最高的銷售量，也再度證明了新力公司以開發見長的能力。

「隨身聽」的成功，在事後被認爲是項了不起的決策，在事前是誰也無法預料的，即使是盛田昭夫本人也不敢有樂觀的把握。

成功之後盛田昭夫謙虛地表示：「隨身聽」開發成功，不過是「舊構想，新決策」而已。即使是「舊構想，新決策」也是「預測座標」，而只要準確的預測座標，便會有正確的決策。

盛田昭夫的預測座標是什麼呢？就是把「隨身聽」的適用範圍擴大到戶外，滿足戶外運動的需要。從實際而言，這個預測座標的建立完全正確，因此才有開發「隨身聽」的成功決策。

依據可靠的預測標準

除了預測範圍和預測座標外，同樣影響決策的還有決策中所採用的預測標準。決策不是想怎麼幹，就怎麼幹，它有一個可行性的預測標準存在，正如德國決策大師豪・傑克在《不能隨心所欲》的一書所說：「眞正的決策必須是建立在預測標準之上的。」

人們在決策中所用的預測標準也會造成困擾。請思考下面的練習：

①你正在一家商店裡，打算買只定價七十元的新錶。當你在等售貨員時，一位朋友來告訴你說，兩條馬路外的另一家商店裡有同樣的手錶只賣四十元。你清楚那家店的服務與信用跟這家一樣好。你是否願意走兩條街省三十元？請決策是或否。然後思考下一個類似的情境。

②你正在一家商店裡，打算買一架定價八百元的新攝影機。當你正在等售貨員時，一位朋友來告訴你說，兩條馬路外的另一家商店裡有同樣的攝影機只賣七百七十元。你清楚那家店的服務與信用跟這家一樣好。你是否願意走兩條街省三十元？

在第一個問題中，約百分之九十的人說他們願意多走兩條馬路。在第二個問題中，僅百分之五十的人願意。但兩種情境間並無眞正的差異存在。兩者的實質問題都是「你是否願意走兩條馬路節省三十元」。那些有見地的經理主管們，都應看穿問題的表象，在兩個不同的情境下作決策。

人們所以會有不同的決定，是因爲他們慣於用節省的百分比來思考，而不用絕對的金額。但就手錶與攝影機的購買而言，百分比的標準並無實質的意義。你已知的是兩家店都同樣的信用牢靠，所以該考慮的只是你口袋豐厚點（或薄一點）。

當你評估員工的表現時，標準的控制顯得尤其重要。屬下員工習慣地會玩弄標準來框架其直屬上司的思考。舉例說，假使一個計畫的預算金額是十萬元，而實際完工的費用僅九萬元，那麼這位員工（他或她）就會斬釘截鐵地表功說：「我爲公司節省了一萬元。」

如果同樣的計畫案實際花用了十一萬元，那麼他或她會淡化超支這回事，聲稱：「我已盡力維持在超支預算案的百分之十以內。」

一位日本航空公司的駕駛員在一九六八年某次由東京至舊金山的航程上，將這種變戲法的花招發揮至令人發笑的極端狀況。由於他所駕駛的客機穿過低空雲層，降落時與控制塔溝通不良，在距跑道還有三公里的地方，造成一次「完美」的水上降落——在舊金山的海灣裡落水，幸好無人傷亡。在與媒體討論時，他報導事件的經過，採用將過失框架入百分比的戲法：「想想我由東京全程飛來，我誤差了多少呢？」他的上司可是一點也不吃這一套，將他貶爲副駕駛，限於飛亞洲航線。

身爲領導者的你，在做決策時千萬不要像這位愚蠢的航空駕駛員一樣，採用錯誤的標準爲自己失誤的決策辯解。

提防錯誤預測的危險性

預測的錯誤之所以產生，是難免的，因爲一個預測總是要面臨許多裡裡外外的因素和條件，呈現出非常複雜的情況，這都不利於決策。但是決策本身就是要在這些錯誤中創造出來，否則決策就毫無意義。預測作爲一種滿足正確決策的方法，是由決策者來完成的。由於決策者有時看不清事物的眞相，跟不上事物的變化——尤其是在市場經濟中總有一種慢半拍的感覺，所以產生預測的錯誤極其常見。甚至可以說，預測本身就是含著正確與錯誤之分，都是正確的預測，那是神話；都是帶有錯誤的預測，那也不是事實。有許多企業領導極力想鍛鍊正確預測的本領，首先必須學會分析別人掉進預測錯誤的失敗之由。常見的錯誤預測有四種危險性：

①由於缺乏正確的判斷，而把假的資訊當作真的，從而使決策一開始就出現「硬傷」；

②由於不懂得變化之理，認為預測本身永遠是正確的，只是決策不時地出問題。因此，總是試圖變換決策，結果使企業的發展沒有長遠性；

③預測是產生決策的前提條件。但有些企業領導者只是憑想當然辦事，認為自己的大腦能想出什麼，就能預測到什麼。這是現代企業中最可怕的預測錯誤，從而使有些大企業在一夜之間蕩然無存。

④沒有任何單一的預測能全盤掌握住複雜多變的問題。在很多情況下，甚至可說沒有任何單一的預測能適當地掌握住一個繁雜的問題。通常你必須使用多重的預測，審

慎地由其中選出一個或數個來運用。但你通常是選擇一種預測方法。

「決策者應該具備聖人的品質，他應該先知先覺。」這是新加坡豐隆集團總裁郭芳楓總結了四十年創業經營所得出的結論。

從經營角度上認識投機取巧，無非是證明經營企業高明的決策者所具有的一種能力，一種「先知先覺」，超前應變的決策能力。

決策需具有敏銳的洞察力及超前意識。敏銳的洞察力來自於對資訊的全面把握，掌握了新的資訊，則能夠根據資訊發現問題，獨闢蹊徑。同時，也才能瞭解到事物之間的連繫，並結合自己的客觀問題，做出超前的決策。

決策的超前性歸根到底是決策本身的客觀需要，是企業發展的客觀要求。

一個企業家要達到決策準確無誤，必須對影響企業的宏觀和微觀環境進行研究、分析，注意這些環境的變化。對環境進行研究時，更要注意政策環境的變化。掌握了這些變化，才能使決策具有超前性，收到「運籌於帷幄之中，決勝於千里之外」的效果。

第十招

求新

重複別人等於自絕生路

奴才式的領導總是瞻前顧後，幹什麼事都謹小慎微，即使像決策這樣的大事，也只能模仿別人成功的決策，缺乏創新，從而使自己的企業成為別人的陪襯。

市場是相同的，決策是不同的。別人的決策只會是屬於別人辦公室的精品，即使拿回來，也成為不了決策的主人。

——美國企業決策學家格林斯曼

創造「個性」決策

決策需要的是個性，因爲只有個性化的決策才能使企業創造出自己的「主打產品」，創造出自己的「品牌戰略」。下面讓我們來欣賞一下「吉利決策」的個性魅力：

「掌握全世界男人的鬍子」的吉利安全刮鬍刀公司，在美國市場佔有率高達百分之九十，投資報酬率也達百分之四十，居美國大企業之首；一九六八年，吉利刮鬍刀片創下了銷售一千一百一十億片的歷史記錄。吉利公司之所以能創下如此業績，主要就在於公司的創始人金·吉利的英明決策：開發出人們正迫切需要的產品。

金·吉利曾是一家小公司的推銷員。這家公司的老闆在和吉利聊天時說，如果能開發出一種「用完即扔」的產品，顧客就會不斷地購買，這樣就可以發財致富了。這句話使吉利大受啟發。於是，他就循著這樣的思路進行市場調查。

一天早上，當吉利刮鬍子的時候，由於刀磨得不好，不僅刮起來費勁，而且還在臉上劃了幾道口子。懊喪的吉利眼盯著刮鬍刀，突然產生了創造新型刮鬍刀的靈感。於是他對周圍的男性進行調查，發現他們都希望能有一種新型的刮鬍刀，基本要求包括安全保險、使用方便、刀片隨時可換。

於是吉利便開始了他的刮鬍刀開發行動。由於沒能衝破傳統習慣的束縛，新發明的基本構造總是擺脫不掉老式長把刮鬍刀的局限，儘管他一次又一次地改進設計，其結果卻總不能令他人滿意。幾年過去了，吉利仍是空懷雄心，希望渺茫。一天，他望著一片剛收割完的田地，看到一個農民正輕鬆自如地揮動著耙子修整田地。一個嶄新的思路出現了：新刮鬍刀的基本構造應該同這耙子一樣，簡單、方便、運用自如。苦苦鑽研了八年的吉利終於成功了。

一九〇三年，他創建了吉利刮鬍刀公司，開始批量生產新發明的刮鬍刀片和刀架。不難想像，為亂糟糟的鬍子所困擾的人們對這種新刮鬍刀是多麼的歡迎，吉利安全刮鬍刀很快就佔領了整個美國的市場，並且迅速向全世界擴展。

吉利公司並未就此止步，因為在世界經營刮鬍刀片的企業日益增多，競爭日益激烈的情況下，為了保持自己的優勢地位，就必須堅持產品創新的決策。於是吉利公司於一九五九年推出了新產品——超級藍色刀片，稱為藍色吉利，深受消費者的歡迎，連續創造了吉利公司歷史上的新記錄。

但是，面對世界各國同行業的激烈競爭，吉利想一統天下卻非易事。義大利不銹鋼刀片研製成功並投放市場，給了吉利公司一個沉重的打擊。吉利公司在義大利的市場一下子被不銹鋼刀片搶走了百分之八十以上。隨後不銹鋼刀片迅速進入美國。吉利公司因拿不出和不銹鋼刀片相抗衡的新產品而節節敗退。面對嚴峻的競爭，吉利公司並未因此而驚慌失措，而是憑藉自己雄厚的實力，繼續堅持新產品開發決策，迅速組織技術力量，投入大量資金全力開發研製不銹鋼刀片。一九六三年九月，吉利公司把自己的新產品——吉利不銹鋼刀片投放市場，和義大利刀片抗衡。兩年後，吉利公司又推出第二代超級吉利不銹鋼刀片，並且以新產品為依託，採取大規模廣告宣傳和降低價格策略，不久就把義大利刀片趕出了美國市場。

隨著社會經濟的發展和科學技術的進步，一九六〇年以後電動刮鬍刀問世，形成對吉利刮鬍刀的新威脅。吉利公司採取的對策仍是開發研製新產品，他們研製的「雙排刃安全刮鬍刀」在安全耐用、乾淨和價格等方面，具有電動刮鬍刀不可比擬的優越性，足以和電動刮鬍刀相抗衡。由此可見，新產品開發決策是吉利公司在市場上立於不敗之地的有力保障。

可以看到「吉利決策」的個性特徵是：一般刮鬍刀→吉利安全刮鬍刀→超級變色吉利→吉利不銹鋼刀片→吉利雙排刀安全刮鬍刀，在這期間，吉利開始沒有重複一般刮鬍刀的生產決策，而是尋找自己的決策方向獲得了成功，同樣在成功之後，吉利仍然沒有重複義大利不銹鋼刀的生產決策，而是繼續制定自己開發新產品的決策，終於使自己立住了腳。對於一個企業來說，要想持續存在和興旺發達，就必須適應變化而實行自我變革，不能照抄照搬別人的決策；對企業領導者來說，更應該具備一種應變能力，以便及時做出創新的決策。只有開發出新產品，才可能使企業的競爭能力直線上升，才可能重新佔據甚至擴大市場。

自己的路，自己走

企業領導者如何走出自己的決策之路，是需要膽量和智慧的。從理論上講，自我決策的目的往往是和最大利益掛鉤的，是決策者苦思經營的結果，要比從別人那裡拿來的決策更專心致志。澳大利亞決策大師托馬斯・曼說：「在自己的路上，找到決策的思想是一件最有意義的事。」

一位決策者要讓人尊敬，他的決策必須是獨具一格的，只重複別人的決策，表面上看起來很穩當，不會有大的閃失，實際上這是最大的危險；掌握自己帶有個性的決策，表面上看起來非常有危險，但是它卻與最大利潤連繫在一起的。怎樣才能獲得帶有個性化的決策呢？通常的方法有：

(1)思考緊迫的問題

許多企業家在對待傷腦筋的問題時，不是採用給大腦施加壓力的方法去求得解決，而是將問題的資訊輸入大腦，然後去做別的事情。大腦即對這個問題進行潛意識的活動。有時一夜過後便提出一個可靠的答案來。越是經過大腦折磨的決策，越有個性和價值。

(2)多方面徵求意見

要創造自己的決策，並不意味著不聽取別人的觀點，相反恰好是從別人的意見中正確地得出自己的決策方案。這是一個再創新的過程。當人們面臨一個棘手的問題時，會十分明智地向有經驗者求教，極少考慮去詢問一個沒有經驗的人。上述兩種人的見解都應聽取。因爲他們能從兩方面給你的決策提供評判和參照。

(3)毫不吝嗇地拋棄枝節問題

有些企業家挖掘不到問題的核心，是因爲他們被過多的細節所干擾。他們應刪掉易於引起誤解的細節。這樣才能抓住主要問題，才能找到自己決策的切入點。

(4)充分掌握情況

決策不是空想出來的，是在原有情況基礎上加工出來的。對任何解決方法進行實驗，重複檢查所有的計算，用不同的組合調整計算與數據，最終會找到一個可行的答案。這畢竟是整個過程的目的。

(5)對解決問題要有熱情

做出決策，是要全身心投入的。作爲學習的附屬條件，熱心比天賦更重要。在一切導致人們成功的決策中，熱心起的作用不容忽視的。這一點無須懷疑。

(6)獨立的思維系統

決策是思維的產物。要想獲得個性化的決策，必須通過各種思維方式——如反向思考進行加工、整理，多問幾個「爲什麼」？如果企業主管丟開獨立的思維系統，決策的重複率則是很高的。

(7)獨特的操作方法

要想比較準確地形成自己的個性化決策，必須依靠自己擅長的操作、方法，如數據分析、模型演示等。只有經過自己操作的決策，才最具有殺傷力。

向日本人學習「柔道」

日本人會管理、會決策，這是事實，大概是因爲日本人會柔道吧。在決策中，學點「柔道」，也是很有用的。因爲有助於搓合自己的決策戰術。

當你處理新問題時，試著讓方案保持無偏私，廣納各方意見的狀態。在七〇年代初期，早在「日本式管理」大出風頭前，管理學大師彼得·杜拉克就已指出，日本的公司看起來似乎特別擅於做大決策。他寫說，「對日本人而言，決策的重要因素在於界定問題。」、「其關鍵性步驟乃決定是否有做決策的需要，關於什麼的決策。在此階段中，日本人的目標是取得一致性的意見。」換言之，在重大問題上，就決策如何框架的過程，日本公司會針對一致性的意見下功夫。這樣做時間會拖長，但它可保證的是，公司能接納所有各類的相關資訊。

有時這種無偏私接納的態度能爲日本公司帶來很大的彈性。舉例說，本田汽車開始闖入美國市場時，該公司的董事長本田宗一郎告訴其市場行銷小組說，重點要放在本田的較大型摩托車上，因為它們與當時在美國市場上廣泛銷售的車型相近。該公司銷售員自身則騎著本田小型的超級小傢夥車在洛杉磯附近兜生意，因它省錢便宜。不久加州人開始問到哪兒可以買到超級小傢夥。該公司聽到來自顧客的這種反應，在短短的幾年內，將進軍美國市場的大方向整個重新決策，集中全力注重一般客户使用的輕型機車。本田汽車對客户所採取的開放態度使其生產一項全新類別的產品，造成美國的摩托車登記數字十年間劇增了十倍之多。

本田汽車的例子再具體不過地說明了日本人是如何善於決策，這一點，直至現在仍然值得國內的企業好好學習。

日本人的聰明在於不去重複決策的老路，而是自立門戶，用新決策打天下！

善於架起自己的新橋

一個企業的決策出現了失誤，決策者就應該重新檢視，只不過必須選擇一個重新決策的最好時機。就大多數的決策者來說，或許早已有方案存在。你早已知道將如何錄用新的員工，如何選擇新的投資，或是如何選定新的廣告運作。但決策過程中最重要的一項技巧，或許是在於摸準一個問題究竟在何時必須重新決策。如果你繼續採用一個不適當的決策，最後將使公司陷入絕望的困境中。

例如，六〇年代與七〇年代間，航空業本身自我形成一種受管制的結構。它們賺取規定好的利潤，然後再分配給駕駛員、服務員與供應商等。但當美國政府下令該行業解禁之後，爆發了兇猛的價格大戰，爲適應這新的高度競爭的企業環境，美洲、西北、與三角洲航空公司的經理主管們應對有方，將框架修改，因此生意興隆。

而那些不願意或無法修改者（像環球、巴尼夫與泛美航空公司的某些經濟主管）則幾乎破產關門。但重新修改的決策往往並不產生如此明顯效果。如果對決策的基本任務有適當的認識，就有助於經理主管瞭解何時必須做修改。

舉例說，一家不動產合夥企業試圖制定在運動上有突出成績的員工的用人決策，因為它認為運動員所具備的衝刺與毅力的精神，正是企業邁入成功所不可或缺的。但是市場的需要突發變化，不動產合夥企業的開發方案受到了阻礙，而引起從前用人決策的過時。原市場的需要轉成老工廠、倉庫與公寓建築的修繕翻新，取代了原先商業區的高樓大廈與郊外商圈的興建。主管們搞不清楚，為什麼以往生龍活虎的員工現在看起來不再有幹勁，而時常沮喪不已？合夥人之一——以前也是位運動員，了解了問題的真相：公司用人的決策已不再適合業務所需。儘管這些運動員出身的員工非常自信，行動果斷，能督促承包商提高效率，但在處理原承租戶的搬遷與老建築物中頻繁的狀況就力不從心，因為這需要慢功。這位合夥人不得不離開公司另謀新職；而他的夥伴仍在困境中苦熬。

要進行重新決策，你必須遵循下列步驟：

①瞭解你目前的決策現狀。

②設立可供選擇的決策。

③如果無法選定一個最合適的決策，就先選幾個使用，最後選定一個。

決策就是練眼力，自己的決策就是重新決策自我的方案。

打出一張最有力的牌

作爲一位企業主管，決策是一種藝術，就像打橋牌一樣。

在決策中明白「打牌戰術」相當重要：一位打牌高手總是在最恰當的時候，打出一張有很大「殺傷力」的牌，給對手造成致命打擊，從而很好地保護了自己的安全。企業主管也應當是一名操縱決策的「打牌高手」，達到上述的打牌效果。因此，法國決策大師魯斯本說：「當一個決策最具有殺傷力的時候，才能保護自己的安全。這就是決策的個性所在。」

在現代經營決策中，要善於利用其他各方面的力量直到戰勝對方和佔領市場的目的，這樣可以不消耗或少消耗自己的實力。企業家掌握了「借刀殺人」的要訣，就能變化無窮，奇招百出，從而在激烈的競爭中獲取發展壯大。

在這裡，我們看一下「威爾遜決策」與「借刀殺人」：

早在本世紀四〇年代，威爾遜就從父親的手裡繼承美國塞洛克斯公司。一天，一位德國籍發明家約翰·羅梭來訪，向威爾遜談到了自己正在研究的乾式影印機。兩人一拍即合，同意雙方合夥協作。

經過反覆研製，塞洛克斯公司終於製出乾式影印機成品——塞洛克斯九一四型影印機。當時市面上所有的影印機都是濕式的，這種影印機在使用前必須用專門的塗過感光材料的複印紙，印出的是濕漉漉的文件，需要它乾透才能取走，用起來麻煩極了。對比之下，乾式影印機則便利得多。

威爾遜決定把此產品作為「主打產品」推出。起初，威爾遜打算把首批貨按成本推銷，以圖開拓市場。他的律師提醒他：這是傾銷，是法律不允許的。威爾遜於是將賣價定為二點九五萬美元。其實，乾式影印機的成本僅二千四百美元，他卻喊出了相當於成本十倍的高價。這可把副總經理羅梭驚呆了。當時，法律是禁止高價出售商品的，威爾遜卻信心百倍，他解釋道：「我不打算出售成品，只要出售品質和服務，這就夠了。」

不出威爾遜所料，這種新型影印機果然因定價過高而被禁止出售。但由於展銷期間已經向人們展現了它獨特的性能，消費者無不渴望能用上這種奇特的機器。威爾遜獲得了影印機的生產專利權，「只此一家，別無分店」。所以當威爾遜把新型影印機以出租服務的形式重新推出時，顧客頓時蜂擁而至。儘管租金不低，由於受以前定價很高的潛在意識的影響，顧客仍然認為值得。

到了一九六〇年，威爾遜的黃金時代到了。乾式影印機一下子流行起來。雖然公司拼命生產，產品仍供不應求。由於產品被塞洛克斯公司獨家壟斷，加上已有過的高額租金，所以塞洛克斯九一四型影印機以高價出售，大量的利潤像潮水一樣滾滾而來。

一九六〇年，公司營業額就高達三千三百萬美元，而市場佔有率已達百分之十五，五年後，公司營業額上升到近四億美元，市場佔有率達到百分之六十六，超過了濕式影印機，到了一九六六年，營業額上升到五點三億美元。塞洛克斯公司也被美國《財富》雜誌評為十年內發展最快的公司，從此邁入了巨型企業的行列。

威爾遜的成功在於他的「借刀殺人」，表面上是法律禁止了威爾遜高價出售，實際上是威爾遜借法律這把刀，封死了消費者購買之門，把他們逼向威爾遜爲其準備的租借之路，同時威爾遜還藉超出平常的高租金，斷了消費者廉價租用的念頭，並爲以後的高價出售做好了準備。

威爾遜眞是打出了一張最有力的牌，這是他重拳出擊，大膽決策的表現，這是他個性化決策的重大成果。值得那些老是打「軟牌」打「錯牌」的企業主管深思！

亮出自己智慧的點子

決策是一種點子智慧。企業主管要敢於用自己的智慮，異想天開，提出一些「高」招來設計自己的決策，完成自己的決策。「高」招只能是唯一的，從別人那裡拿來的決策，即使原來很「高」，恐怕在自己身上就不那麼靈光。因此，我們主張點子之「高」，對於決策的意義也就很明顯了。

「亨利・蘭德決策」是馳名中外的成功案例，被認為是「二十世紀十大決策」之一。不妨來看看這個決策的「高」招在哪裡？

亨利．蘭德平日非常喜歡為女兒拍照，而每一次女兒都想立刻看到照片。於是，在他向女兒說明照片的形成過程的同時，卻自問：「等等，難道沒有可能製造出『同時顯影』的照相機嗎？」對攝影稍有常識的人，聽了他的想法後都異口同聲地說：「怎麼可能？」並列舉一打以上不可能的理由，但他卻沒有因此而退縮，於是他告訴女兒的話就成為一種契機。最後，他終於不畏艱難地完成了「拍立得相機」。這種相機的作用完全依照女兒的希望，蘭德企業就此誕生了。

「拍立得」相機正式生產後，發明者如何宣傳和推銷這種新式相機呢？經過慎重考慮，蘭德請來了當時美國頗有名望的推銷專家——霍拉．布茨。布茨一見「拍立得」頓生好感，欣然接受擔任專門負責營銷的經理。

邁阿密海濱是美國的旅遊勝地，每年來此度假的旅客成千上萬。精明的布茨認為這裡是理想的推銷場所，他專門雇用了一些泳技高超、線條優美的妙齡女郎，在海濱浴場游泳時假裝不慎落水，然後再由特意安排的救生員將其救起，驚心動魄的場面引來了許多圍觀的遊客，這時「拍立得」相機立刻大顯身手，眨眼功夫，一張張記錄當時精彩場面的搶拍照片展現在人們面前，令見者驚訝不已，推銷員便趁機推銷這種相機，就這樣「拍立得」相機迅速由邁阿密走向全國，成了市場的熱門商品，暢銷不衰。公司因此生意興隆，名聲大振。

對於一個成功者來說，通過不斷發明創造，改進技術和開發新產品等方法來競爭主動權。想別人所沒想，做別人所未做的事。「奇」的行動是別人未料到的行動，「奇」的計謀是別人還未意識到的計謀和決策。

再看另外一個例子：

有一年，美國芝加哥市舉辦世界博覽會。世界各大廠家都將產品送去陳列。美國赫赫有名的五十七罐頭及食品公司經理漢斯先生，當然也不例外，將自己公司的罐頭和食品也送去參加展覽。但令他失望的是，博覽會工作人員只給他安排一個會場中最偏僻的小閣樓。

博覽會開始後，前來參觀的人擁擠異常。但是，到漢斯先生的小閣樓參觀的卻沒有幾個人。為此，漢斯想到了一個絕妙的方法。

在展覽會開幕後的第二個星期，會場中出現了一個新奇的小玩藝。前來參觀的人常常能從地上拾到一些小小銅牌，銅牌上刻著一行字：「拾到這塊銅牌，就可以拿它到閣樓上的漢斯食品公司領取紀念品。」

數千塊小銅牌陸續在會場上發現，不久，漢斯那個無人問津的小閣樓，便被擠得水洩不通，會場主持人怕閣樓會崩塌，不得不請木匠設計加固，從那天起，漢斯的閣樓，成了博覽會的「名勝」，參觀者無不爭先前往，即便銅牌絕跡，盛況也未消滅，一直到閉幕。

不用說，漢斯先生的這招夠絕的，這一絕招使他轉敗爲勝，淨賺五十餘萬美元，打了一個漂亮的翻身仗。這個例子充分地說明：漢斯先生爲了使自己的罐頭食品能夠打開市場，他所採取的決策不是大型的公關活動，而在於做出這樣一個決策——利用世界博覽會的機遇，來「曝光」自己的產品，特別是利用「小小銅牌」的決策更說明了漢斯先生「小中見大」的功夫。這就是奇策，因爲他出乎人們的意料之外，能夠收到奇效。

企業主管在決策時，實際上要選擇一條有別於常人的思維和手段，來贏得決策的成功，這就需要反向思維。

縱觀全局，科學決策

在社會的變化越來越快、企業的生產經營活動越來越複雜的今天，僅憑一兩個人難以言傳的智慧、經驗和直覺來決策，顯然是遠遠不夠了。科學決策雖然沒有一個固定不變的公式，但是，作爲對科學決策活動規律性描述的決策程序則是任何決策者都必須遵循的。

科學決策具有下列特徵：

(1) 目標性

決策總是爲了達到一個既定的目標。在一定的條件和基礎上，確立希望達到的結果和目的，這是決策的前提。有目標才有希望，有目標才能衡量決策的成功或者失敗，所以目標選擇是決策最首要的環節。

(2)擇優性

決策必須根據既定目標，運用科學手段，評價各種方案的可能執行結果，選擇最優方案。決策總是在一定條件下，對若干方案進行選擇。擇優包括兩個方面：一是目標選擇，即尋找優化目標；二是方法選擇，即尋找達到目標的最佳方法和途徑。

(3)可行性

決策是爲了實施擇優的方案，決策的可行性，首先取決它所依據的數據和資料是否準確、全面，因此，科學決策一定要建立在科學預測的基礎上；其次，決策方案與實際情況必然存在一定的差距，爲此，決策應富有彈性，要留有餘地，使需要與可能相結合，以保證目標實施的最大可能性。

科學決策的程序是：

(1)提出問題

企業的事情是紛紜複雜的，因此，企業領導者要經過大量的調查研究、分析、歸納，特別是要抓住關鍵性問題，通過創造性思維，突破禁錮人的模式，敏捷而準確地把急待解決、關係重大的問題摸準抓住。

(2)確定目標

就目標與效率相比較而言，提高效率固然重要，但謀求好效果的決定性因素是要確定正確的目標方向，即要做「對」的事。如龜兔賽跑，兔子雖快，但若它掉過頭來反著跑，那麼它就算不睡覺也沒法趕上老烏龜。因此，確定決策的目標要強調它的方向性，否則，目標就只能是模糊的目標。

(3)擬定方案

這是為達到目標而尋找途徑的過程。在一般情況下，達到或者實現一個既定目標，客觀上可能存在著多條途徑，在諸多途徑中，必然有好壞之分。擬定方案就是探索和研究解決問題、實現目標的各種可供選擇的可行方案。

(4)方案擇優

這是在擬定好方案之後尋找最優方案的過程。它是按照決策目標提出的要求，對所擬定的方案進行系統分析和全面評價，對比各種方案實施的差異點，看其經濟效益是否符合最大或者「最小」的原則，以便差中選好，好中選優。

(5)實施反饋

經過方案擇優決定的決策必須回到實踐中去實施，並且，決策的優劣必須以決策的執行結果來驗證。一個正確的決策，如果執行不利，也會帶來很壞的後果。

第十一招

適度

沒有最好，只有更好

最好的東西不在自己手上，而在天上的雲彩裡。強求最好的決策者，一定是一個完美主義者。完美主義者「凡事都要做到最好」的精神令人敬佩，但如果不考慮代價，只是強求最好，則未免走向極端。

先考慮每種備選方案可能產生的最壞後果，然後選擇那個與最壞後果相比最好的方案。適度的決策比或快或慢的決策更能節省該節省的東西。

——義大利管理學家林德・布洛姆

別鑽牛角尖

可以有最理想的預測，但卻沒有最理想的決策。雖然，我們提倡決策者一定要儘可能地尋求最好的決策，但現實中常常無法如願。這時，有的決策者卻顯得十分固執，以一種近乎「鑽牛角尖」的態度來決策，費時費力，結果卻不一定成功。即使成功了，但由於付出的代價太大，和失敗也沒有什麼分別。

決策最後要從若干可行方案中選擇一個較爲合適的方案。此方案未必是最優的，但它可能是實現決策目標的諸方案中最理想的。如果你能找出一個比任何方案更能涵蓋整個現實狀況的方案，那就一定可從中挑出最佳決策。你甚至可憑電腦試算表程式所能有的量化模式或其他量化決策模式工具來做決策。但在很多情況下，你無法找出一個明顯優於其他方案的決策。這樣的話，你就必須試用好幾個方案。例如，你要採取併購行爲，去收購別的企業，那麼你如何做出決策呢？

採取併購決策時評估被併公司價值的問題，至少有四種不同但有意義的決策方法：

①持續股利淨現值：即風險與時間折現後所能期待的現金流量。

②清算價值：在正常有序的方式下，全部資產出售所得到的等值現金。

③市場價值：根據相類似公司的最近賣價。

④股票市價：就目前的所有人而言，以股票的市場價格來推算該公司的價值究竟是多少。

以四種方法中的任一種來考察，重要的特殊部分可能會有遺漏。要決定該公司的總價的唯一可行方法，就是四種方法都試。可能的話，還要加試其他的方法，而且還須注意如何對比各種方法所得的結果數字。你可以用每一種方式來核算公司的價值，並假設你有機會將它以你所估算的最高價值出售。

但在很多情況下，對複雜問題的各種看似正確又合理的決策方法，彼此並沒有單純簡易的連接關係。一種處理問題的方法所得出的結果，與另一種同樣看似可行方法得出的結果，在某些方面可能是呈互補狀態，但在其他方面又可能呈現相互矛盾對立的情況。當這種情況發生時，要確定你的企業選擇了一個穩妥的解決辦法。換言之，也就是找尋一種能導向成功的解決辦法，且在幾種不同的方式下都能如此才行。

這就是所謂決策時的「中庸之道」。別以爲一切「中庸」都不好，「中庸式的做人」不好，含含糊糊，什麼事都幹不好；但「中庸式的決策」往往是求穩之術。不該冒險，千萬別冒險；該冒險不冒險就是失誤。

中庸之道

只有一條道可走，往往是死路一條；有兩條道可供選擇，常常此路不通，走另外一條。而中庸之道一個典型的特點就是缺乏進取心。但在企業的決策中，這種中庸之道卻是可取的，也是必要的。

有些公司已發展出龐雜的各式系統，以迫使大家能找出中庸之道。舉例說，在決策性規劃方面，公司會要求經理主管們爲不可知的未來提出大量決策情況與決策方案；並問在各種決策情況下，以目前的策略來支撐的話，表現又是如何。如此一來可刺激研究探討能適用於多種決策狀況或決策方案的一套可供選擇的辦法。諸如此類的解決辦法，將遠比那些僅在經理主管所認爲「最有可能」的未來發展情況下，才能有的最佳成功辦法高明得多。

例如，荷蘭皇家殼牌公司就曾發展一套規劃決策情況的精細制度，以透過不同角度的窗框來細審這個世界。其策略規劃部門（設在倫敦）就爲實際運作的主管們提出：

①公司企劃所認為「平淡無奇」的未來決策情況——即緩慢而持穩的經濟成長與穩定的各種油價狀況。

②因為產油國革命暴動、低經濟成長、與高且劇烈波動的油價所導致的國際性風暴震

驚的未來決策情況。

③由於能源的過度節約與快速的科技進展造成低油價所產生高經濟成長的未來決策情況等等。

殼牌公司通常將決策情況的數目限制在最少兩種與最多四種。但每一種情況都須合理且有內在的一致性。然後，殼牌公司基於每一種決策情況中所可能有的各種影響，研究出其策略性決策。舉例說，在公司經濟學者所認爲最可能有的決策情況下，投資新的加油站可能是獲利滾滾。但如果是在低經濟成長的決策情況下（因爲消費者將會減少自行駕車），或是在科技導向高成長的決策情況下（因爲車輛的革新將使用較少的汽油，且修理項目減少），投資新的加油站會不怎麼賺錢。

從另一方面說，投資一個新且有效率的石化煉解設備可能在所有三種決策情況下都有其意義存在：在穩健與高成長的決策情況下，它能增加公司的銷售，在低成長的決策情況下，也能幫助公司降低成本。

這套處理問題的辦法使殼牌公司獲益良多。它較其他石油公司一直更具有油價降低的心理準備，對處置八〇年代早期運油容積過剩的問題也遠較對手高明。企業分析家認爲它是管理極佳的石油公司之一。

殼牌石油公司名列世界五百強前二十名之內，它的成功說明了中庸之道的決策，並不見得不是成功的決策。

切忌牽強附會

牽強附會地做決策，只能使決策彆彆扭扭的，因爲沒有可靠的判斷正確目標，都是企業領導故作姿態的表現。決策方案是如此重要，如果決策者將它隨意處置，牽強附會將會帶來嚴重的後果！例如：方案的瞭解能幫助你他有關人士的溝通，說服他們去進行你要他做的工作。

一家生物科技公司曾大受其害，因為當時食品藥物管理局的審議小組竟然拒絕批准其抗血凝藥劑的發行。該公司曾肯定的認為該藥劑的核准絕無問題。因此投入了大量資金與設備來生產這個新藥劑，雇用了幾百名員工來準備新產品的推出上市工作，廣告運作為即將到來的銷售努力，設立該藥的大量庫存，而其保存期僅兩年，賣不出就報廢。

該公司的領導有生物化學家與粒子生物學家，其所採取的決策在於強調由受控的實驗室測試所得的可靠事實證據。為了應付食品藥物管理局的審議小組，該公司準備了成堆的試驗室證明報告，用以實證藥劑能溶解與降低血凝塊的形成。

但食品藥物管理局審議小組的成員大部分是醫療界的專家，其所採行的決策則在於強調臨床醫療的重要性。他們所想要看的是由病患實際治療為根據的事實證據。他們對真實世界與實驗室有怎樣的不同差異知道得太清楚了，因此對該公司實驗室所提出的各種科學上的理由持保留意見，認為它不像具有醫療歷史的其他廠家，已充分地展示其藥劑的療效。

該公司只準備了一點點臨床醫療證據，而且對其已有的醫療證據也不太重視。在它的藥劑被拒絕上市後的一星期內，該公司的股票劇跌了百分之二十四！幾乎近十億元的市場價值不見了。

這實在是一個深刻而又痛苦的教訓，值得每一個企業的決策者牢記，絕不要重蹈覆轍，否則很可能萬劫不復！防止牽強附會地決策，只有一條不變之理：知之爲知之，不知爲不知，千萬不要裝模作樣。

立即改正敗筆

在瞭解了那個生物公司的慘痛教訓之後，作爲企業決策者的你，如果也有類似的敗筆，請立即著手改正，試著做一個好的溝通者。

好的溝通者能排列組合他的訊息來配合其聽眾的決策。舉例說：當百科全書推銷員敲你家門的時候，他們所找的是生活中雙方彼此共通的部分，如果這個部分使他的思考與你的想法相吻合，你可能就對他的推銷行爲產生認同感。

某地的一處觀光名勝聘請一家小型的顧問公司以求降低成本，經營顧問發現該觀光勝地忽略了可賺更多錢的重要部分。該勝地只專注在小而傳統的常客，忽略了會議型的業務，忽略了與其他勝地聯合辦理共同訂位，分享營銷機會等。

經營顧問認為這些漏失的機會是放棄機會的成本。機會成本少有能直接評估的情況，但這些經營顧問的決策——明智的——將它與全然的浪費當做同等的重要事項。因此經營顧問告訴該觀光勝地的經理主管說，應該鼓足全力解決機會成本的得失，就如節流同樣重要，並要求採取新的行銷辦法。

這位經理主管是一位白手起家的粗獷型人物，搞不清他們在講什麼，他所關心的只是去除他所見而且目前正在發生的浪費問題，不是那些經營顧問所談的新生意機會的問題。終於，經營顧問想出了一個辦法，將這位經理的座標由目前的收益轉換到如果抓住適當的機會則將來的收益會是多少。他們說，「假如你不採取這些行動」、「你一年將損失幾千萬元之巨」。稍後，這些經營顧問向我們承認，幾千萬元的統計數字是有點誇張的意味，但這是唯一能讓對方聽進他們在說什麼的妙方。

與任何人溝通不可或缺的因素是：瞭解對方的決策方案。當你需要試圖說服某人時，你通常要預先假扮對方的角色才比較妥當與客戶溝通是企業領導工作的一部分，但很少有人意識到這也是他的決策工作的一部分，因爲與客戶溝通的捷徑就使雙方的決策方案儘可能貼近，避免妨礙溝通。

挑個理想的回家

美國著名決策學家康拉德・特立普說：「人們說我是主動進攻型的經營者，但在決策上我卻小心謹愼，十分保守。做一項生意時，我永遠先做最壞的打算。如果爲承受最壞的結局做好了生意，那麼好的消息便會接踵而來，理想的結局就會自然而然地出現。」

決策的重要性已說了很多，作爲企業的決策者必須時時注意分析自己的決策，不強求最好的，但也不搞拙劣無比的決策。因此要挑個理想的。

能將決策的方案管理妥善表示具有力量與智慧。以拙劣的想法——或是根本沒經過組織的分析來做決策——終歸將導致災難的困境。

每一重大的決策至少要涵蓋下列四個步驟：

①識別你或你的企業將主動（或連想都不要想）採用的決策。

②找尋一個或一個以上可供選擇的合理決策。

③分析每個決策在哪裡適用，有什麼偏頗或是在適用範圍以外派不上用場的地方。

④將問題與決策相匹配，也就是由可供選擇的決策中挑選一個（或數個）你認為最合用的決策。

如果上述一個單獨的決策已能掌握問題的本質所在，那就用它吧。你會有像創造出傑作的藝術家般的快感。如果找不到這樣的單獨決策，你就必須透過幾個不同的決策來審視所面臨的問題，找出一個中庸型的解決辦法。以上方式的任一種都能帶給你絕佳的成功機會。如果你心中的決策準確，那麼成功也不難。

第十二招

穴位

齊頭並進難進
重點突破易破

做事的結果有兩種，事倍功半與事半功倍。要訣是什麼？就是要點住事情的穴位，有些人點穴精準，做什麼事情都順利；有些人點穴功力不足，結果總是累得氣喘吁吁。

每件事情都有核心，這是事物的靈魂所在，所以聰明的人經常盯住這一點，結果付出的行動又準又快，這一點要比那些不著邊際的人快了許多倍。

——美國精神分析專家查爾斯·揚

魚與熊掌兼得

一個企業需要決策的地方肯定有許多，大到企業戰略、市場競爭，小到人事衝突，勞資糾紛。因此企業主管在有限的計畫裡，如首先抓哪一項決策，然後再考慮哪一項決策，都是有主次之分的。當然，從決策者的角度講，他都想把決策設計的非常周全，不出疏漏，形成連環套。但事實上，做到這一點，是非常困難的。因此現在的企業的肌體尚存在許多病症，直接影響到企業的健康發展，因此，需要決策的方面是很多的，也就是說需要醫治的方面是很多的。這樣總得先挑出一個關鍵部分進行決策，防止面面俱到，結果面面顧不上。這一點就如同給一個患有多種疾病的人進行治療一樣，總不能用一種藥治幾種病，或者同時用幾種藥治幾種病，反而會什麼病都治得不倫不類一樣。這個道理，企業主管在做出決策時，必須明白。

給企業發展找到一系列大而全的決策，是決策者的心願，但是不能太急於求成，要根據企業的現有人力、物力、財力，找到當前最需要、最緊迫的決策，徹徹底底地做好它，完成它。這樣，就能帶動其他一系列決策的順利展開。

加藤信三先生是日本獅王牙刷廠的新任主管，但是初來乍到就面臨產品銷售的強大壓力，如何使原有的那一箱箱牙刷能佔領日本列島內外的市場，成了一大難題。他在上任的第一天，接到董事會的決策議案：「在三天之內，全面制定出從生產到銷售一貫化的牙刷經營戰略」。但是加藤並沒有這樣做，因為他有自己的決策思路：原來該廠生產的牙刷在使用時非常容易使牙齦出血，致使銷售量極少。這一點，來自於他的親身體會。因此，加藤認為，制定一貫化的牙刷經營決策並沒有多少實際意義，關鍵是要從牙刷本身的質量開始決策。於是，他決定第一個要完成的決策就是「改造牙刷造型！」

昔時，作為一個牙刷公司的職員，數次刷牙牙齦出了血，加藤的不滿情緒越來越大了。他怒氣衝衝的朝公司走去，準備向有關技術部門發一通牢騷。

走進公司大門時，走著走著，他的腳步漸漸地放慢了。加藤信三曾參加過公司組織的管理科學學習班。管理科學中有一條名言使他改變了自己的態度。這條訓誡說：「當你遇有不滿情緒時，要認識到正有無窮無盡新的天地等待你去開發。」

當他冷靜下來以後，加藤和同事們想出了不少解決牙齦出血的好辦法。他們提出了改變刷毛的質地、改造牙刷的造型、重新設計毛的排列等各種改進方案，經過論證後，逐一進行試驗。試驗中加藤發現了一個為常人所忽略的細節：他在放大鏡下看到，牙刷毛的頂端由於機器切割，都呈銳利的直角。「如果通過一道工序，把這些銳角都銼成圓角，那麼問題就完全解決了！」同事們都一致同意他的見解。經過多次實驗後，加藤和他的同事們把決策正式地向公司提出。公司的董事們經過爭論後，接受了這項決策，很樂意改進自己的產品，迅速投入資金，把全部牙刷毛的頂端改成了圓角。改進後的獅王牌牙刷很快受到了廣大顧客的歡迎，後來對公司做出巨大貢獻的加藤從主管成為公司董事長。

加藤的決策是針對牙刷造型展開的，這一點與公司起初那一種「一貫化的決策方案」相背，但卻非常實用，似乎一下子激活了企業。如果加藤在做出自己的第一決策前，盲目聽信公司的決策，可能就是另一回事了。

看樣子，決策本身不在「大」、不在「全」，而在於有針對性。越是有針對性的決策，才越是有殺傷力。

別妄想「一次成交」

決策不是粗活，是細活，「一次成交」的心理是糟糕的。事實上，**最好的決策就是有它一定的靈活性，因爲有時決策必須受到外來因素和內部機制的突然衝擊，老是死咬著原先的決策不放，只能是丟了自己的命**。問題總是一個個來解決的，不是一下把所有問題包裹到一個袋子裡，一下子扔到粉碎機中去粉碎。既然，解決問題的方法是這樣，決策之路也必須這樣走。

你是一位企業主管，當你想決策一個問題時，你眞正面臨的，事實上是一堆問題。一位缺乏決策能力的企業主管，最顯著的標誌是，他常企圖同時向他手上的「所有」問題一起進攻。但是，這種「攻擊面」常愈來愈大直至最後，他想決策這些問題所需的調兵遣將能力已超過了他的思考負荷。失敗，就成了他唯一的必往之路了。

公司所以要雇用或提升你爲總經理的主要原因，是公司的確有許多問題。公司所以需要一位企業主管的唯一理由，也是因爲它存在許多棘手問題。能否成功地處理一連串問題的能力，就是用以區別一位稱職的、有決策能力企業主管的唯一因素。

決策一連串問題，所以特別困難的原因之一是，這些問題並非不動地站在那兒等候你去解決。它們是一直在變動的——問題的主題、艱難性、持續時間、或影響範圍等，都是隨時在變動的。

一位專業的企業主管，必須學習去「忘掉」這句俗諺：「眼光要看到整個樹林，不要只停留在一棵棵的樹木上」。他必須同時注意到樹木和樹林。這似乎很難，當然，這必然是很難的。要將任何事做得最好，你當然要付出相當的代價。當你在組織中的職責及地位升高時，對付出承諾的需求也隨之升高。

因爲時間是你最重要的資產，所以要珍惜它聰明地善加利用。問題是必可解決的，如果你一次只看一個問題的話——因爲如此之後，你可以對每個問題，分配一段適當的時間；在那段時間內，你可以集中你全部的精力投注在那個問題上，以求得最佳的解決方法。

排列問題大小的順序，用系統的眼光逐個決策，不要一次成交，而要次次成交！

大中有小的決策

有些企業主管老是覺得做大事要先從小處著手，這樣才能小中見大。其實，我們談論決策要百密不能一疏，要大小兼顧，並不意味著只求小中見大，事實上，有計畫地先大而後小，反而更是一種良好的決策方法。太小的決策往往過於細碎，這需要細則來完成，太大的決策往往空而不實。最合理的決策方法之一是「大規劃，小落實」。企業主管要做到這一點，應該注意決策時：不能一味求小，也不能一味求大，而應從大處著眼，抓住命脈，從小處行動，有一種大中有小的決策眼光才行。美國著名企業策劃學家巴爾頓說：「決策的奧秘在於：先抓住大的，才能不丟掉小的。先抓住小的，往往大的就被別人先搶了。」這話完全符合現代決策之道。

絕對不要把你有限的時間，浪費在只能產生些微回報的小事上。作爲一名主管，你必須盡你所能，以保證你的時間只用在會影響「整個」公司——尤其是公司利潤——的地方和事物上。

在你列舉出你組織正面臨的所有問題之後，先選出那些將影響整個公司的問題，並決定其優先順序，然後你便依此順序使用你的時間。找出影響最大的短程問題，並賦予最高的優先。它們常不難解決，而且其解決常可保證，你能繼續面對長程的問題。

決定影響大小的基本原則，必須以利潤爲依據。假設有兩個問題——其中一個有關於銷貨額之增加，另一個有關於利潤之增加——則通常，應該選擇關於增加利潤之問題爲第一優先。

經常地，中低層管理人員常會將問題「逐級呈上來」，只因爲他們不敢處理它。再提醒你，問題決不可用這種方式送到你面前來。幾乎可以肯定的是，它常是「請求你給以顧問與指導」的問題。但是顧問與指導，在你的職務說明書上，是列在最底下的項目。職務說明書上最優先、最強迫性的部分，經常是在討論成果、檢討績效，而且經常是以利潤、每股所得和資產報酬率等數字來表示的。不要讓任何阿諛奉迎的詞語擾亂了你爲你自己公司而設定的優先決策順序。

當把決策的目的定位在利潤上時，大中見小的決策方法就是完全合理的。對一個企業而言，有什麼比獲得利潤更爲實惠的呢？難道是把公司的桌椅板凳擺得整整齊齊，把公司的牆壁裝飾得漂漂亮亮嗎？

小題大做，還是大問題

毫無疑問，決策大問題，是對的；但是不顧及小問題也是對的。我們決策時重「大」，並不是不顧「小」，相反要在顯微鏡下放大小問題，找出相應的決策來，才能更好地保證大決策的執行，防止因小失大。小題大做，還是大的！表面上看，小決策雖然是次要問題，但是解決好了，同樣能達到讓小事爲公司揚名的作用。

美國聯合碳化物公司有一次就碰上了讓公司領導人大為煩心的「小事」：公司剛剛出巨資建了一幢五十二層高的摩天大樓，正準備再花錢搞個儀式，請一些新聞界的朋友宣傳宣傳的時候，突然發現有一大群鴿子不知什麼時候也看中了這幢大樓，飛進大樓，在裡面安營紮寨。飛進來倒不打緊，可這些小傢夥不太注意保護環境衛生，鴿子糞、鴿子毛弄得到處都是，弄得好端端的大樓亂哄哄、髒兮兮的。

大家知道，「動物保護」者是大有人在的，聯合碳化物公司就是從這一點入手，開始一場漂亮的小題大做式的決策，借機揚名的公關活動。公司的公關人員立即撥通「動物保護委員會」的電話，告訴他們發生了一件大群鴿子誤入本公司大樓的「大事」，請他們立即派人來協助處理。

在「動物保護委員會」這當然是大事，他們馬上派出相關人員，拿著網子等工具，到聯合碳化物公司的大樓，來「幫助」這些「無辜的小東西」到它們應該去的地方。

接下來，公司的公關人員又打電話告訴各新聞媒體，在本公司新落成的大樓裡，將有一場有趣又有意義的捕捉鴿子事件。在平凡的日子裡，突然有了這樣一件有趣的事，新聞媒體怎麼會不來湊熱鬧呢？於是，報紙、廣播、電臺各大媒體紛紛派出記者，進行現場報導。

在接下來的三天裡，「動物保護委員會」想方設法，在不傷害鴿子的情況下將牠們請出大樓。一時間，各路人馬，在聯合碳化物公司的大樓裡，上演了一場人鴿共舞的喜劇。一直到第三天下午，最後一隻鴿子被安全地捉入網內，這場喜劇才算結束，此時，聯合碳化物公司這座新蓋的大樓，也隨著這些鴿子而變得家喻戶曉。本來要花為數不小的一筆錢，為大樓做宣傳的聯合碳化物公司，因為這些惱人鴿子的到來，有了免費的宣傳活動。

這件事是小題大做，借機揚名的成功典範，而公司領導人的果斷、靈活決策令人叫絕。在此，需要再次提醒企業主管的決策之道是：

小題大做，還是大問題！

大小問題都有「穴位」可點

美國決策大師吉姆・皮察說：「決策就是點住問題的穴位。」當企業主管面對複雜的大小事情時，彷彿沒有什麼頭緒，容易給決策帶來許多困惑，但是如果抓住了問題的癥結，也就點住了穴位，是制定有效決策的絕招。

素有「軍火大王」之稱的美國杜邦家族，依靠經營軍火積累了巨額財富。尤其是在第一次世界大戰期間，杜邦家族更是大發戰爭財，他們自豪地聲稱：「我們要為全世界的軍火制訂價格！」然而，杜邦家庭興盛二百餘年而不衰並不僅僅因為它是軍火大王，況且，美國和世界的戰爭並沒有延續二百年。

早在一戰還未結束的時候，杜邦公司的總裁皮埃爾就已意識到這場有利可圖的戰爭遲早會結束，「黃金之宴」也該撤掉，杜邦公司該如何發展下去？已經到了必須做出重大決策的時候了。最直接的出路便是轉產。

皮埃爾一經決策，便立即採取行動。他指示公司成立新的發展部。於一九一五年買下了製造真漆、火棉塑料的阿林頓公司；一九一六年買下了費爾菲橡膠公司；一九一七年買下了製造染料、油漆、清漆和重大化學產品的哈里森公司。以後，他又買進了另外五家化學公司，杜邦化工帝國的藍圖已具雛形。

不久以後，杜邦集團又推出了用途極為廣泛的新產品：尼龍。當尼龍襪第一次在世界博覽會上出現時，立刻引起了全世界的轟動，從這一年開始，尼龍製品像軍火一樣為杜邦家族帶來了數不盡的財富，而也是從這一年開始，整個棉紡織業開始衰落……

正是因爲杜邦家族適時地從軍火生產的舊殼中走出來，及時地改變決策大方向，才有了杜邦家族二百年的輝煌史。杜邦公司能從「軍火大王」轉變到「化工帝國」，是一種非常機智的「金蟬脫殼」之術，自然是大問題大決策，點準了轉產的「穴位」。

自黏性便條紙是由3M公司的主管史爾華所決策和發明的。3M公司所生產的自黏性便條紙是一項非常暢銷的產品，它在一九七八年上市之後，立刻席捲整個美國市場。有人形容自黏性便條紙銷售的速度與拓展的廣度有如老鼠的繁殖一般，就在短短的期間內，佈告欄、牆壁、打字機、電話筒、書架、相簿、影印機、籃子、咖啡杯、甚至鞋底，到處看得到它。那種黃色的便條紙就像老鼠一樣，四處繁殖，無所不在。這也難怪3M公司副總裁哈斯特說：「自從本公司推出Scotch透明膠帶之後，二十多年來，沒有一項產品那麼簡單，用途卻那麼廣。」

這是一種典型的小決策成功案例。小就小在能在「黏性」上做出了大文章，而這種對「黏性」處理的技巧，恰好是點住了自黏性便條紙的「穴位」。因此，只要在大小問題上都能找準「穴位」，便是眞正的有意義的決策。

第十三招

信心

盲目使風險增至最大
蠻幹把效益降至最低

強者不一定勝利，但勝利者都是有信心的人。然而過於自信會使決策者忽略決策中一些細節性的問題。自信就像一把兩面利刃，關鍵看決策者如何掌握和使用。

在沒出現不同意見之前，不要做出任何自以為是的決策。沒有不同意見，相同意見就極易成為偏見。

——美國通用汽車公司前總裁P·斯隆

自信是決策的能力

決策源於什麼？有兩點：一是來源於市場調查，二是來源於決策者的素質。

美國著名決策大師卡爾斯·古里安根據自己長年的實戰經驗認爲：「決策不是一項輕鬆的遊戲活動，而決策之所以令人三思而後行，因爲它關係到一個企業集團的命運。當成敗全取決於某項決策時，企業主管必須要有十足的自信心才能擔當此任。因此，決策與企業主管的自信密切相關，甚至自信是企業主管拿定決策的精神支撐力。」

自信，是一個企業領導在做出決策時的基本品質，充分顯示出他對自己的決策是有信心的，同時能使下屬產生一種爲決策戰鬥到底的精神意志。假如企業領導在做出決策時，猶猶豫豫、吞吞吐吐，那麼他本身就不具備領導的品質，或者說至少缺乏做出這一個決策的能力。

市場競爭是殘酷的，有時會把你弄得天昏地暗，不知所以然。有一位在企業長期從事主管的人曾經有過一次決策失敗的經歷：自己認爲快速開發一種飲料產品能夠給企業帶來巨大效益，沒想到因爲商業機密洩漏，而導致毀滅性打擊。他在辭呈報告中留下了這樣一段話：「我承認開發飲料產品的決策已經失敗，但是除了意想不到的洩密之外，我仍然自信我的決策本身沒有什麼錯誤，爲什麼這項決策在別人那裡獲得了成功呢？」

事實上，這位主管在離開公司後，自己創辦飲料公司，繼續憑著他那股自信重新開發原先那項飲料製品，最後獲得了成功，甚至打垮了盜竊其機密的那個飲料公司。看來，商家之間的競爭生死攸關，假如你膽怯，你可能就會失去做一名商家的資格；假如你能自信有能力去挑戰一番，可能就是大贏家！有人說，商家天性膽大，其實這是被逼出來的膽量。

怎樣才能掌握好決策與自信的關係呢？企業主管的膽量就在於關鍵時刻，敢拿決策，並自信自己的決策能夠有所作爲。主要表現以下三點：

(1)在市場競爭中確立自信

從充滿不確定性和概然性的環境中得到的戰略計畫，事實上，就是一項大膽的冒險計畫。老闆按照計畫的要求和步驟在實施戰略的過程中需要多麼堅強的意志力和自信心，只有那些身經百戰的企業家才能體會到。

(2)自信是決策的智能

任何果斷地決策都是自信的產物。所謂自信，就是在紛紛紜紜之中，能夠堅持主見，敢於承受來自各個方面的壓力，而獨斷地做出決策，它常常表現爲一種堅定的、不可動搖的信心。自信來自於企業家對自己能力、智力的正確估計。那些優秀的企業家超乎其他組織成員的洞察力和直覺將爲其自信提供堅實的基礎。

(3)自信是一種競爭的魄力

在競爭中，自信還表現一種必勝的信念。日本經營學家大橋武夫早年經營一家生產手錶錶殼的小廠，在高度的競爭環境中，他十分自信地認爲，他的企業一定能夠成功，決不會被大企業打敗，大橋十分推崇「戰勝，始於將帥相信必勝；戰敗，生於將帥自認失敗」，認爲一個經理如果沒有勇敢的攻擊精神和必勝的信念，他決不能作爲一個經理。大橋自己說，他就是依靠了必勝的信念和攻擊精神才渡過了幾次大的波折，終於轉危爲安。

顯然，企業主管的自信並不是盲目亂猜、亂想、亂幹，而是立足於客觀事實基礎之上的精神品質，有人說，企業主管在做出決策時，要有「獅子般的雄心」，就是要敢於嘗試、能堅定地努力、忍耐危險，以及執著於實踐。

過於自信容易「觸礁」

但過於自信的企業領導，是做不好決策的，因爲他是缺乏自知之明的人，無法瞭解自己，也難以和他人溝通，往往使決策變形。**一個企業領導要做妥善決策的關鍵在於：瞭解你自身的決策方案，否則你永遠搞不清楚在何時重選決策方案，也可能會欠缺重選決策方案必備的自知之明。**

那些過於自信的領導，在平時常常能給上司和下屬以有才幹的印象，但是在決策中，他們卻不止一次犯下嚴重的錯誤，往往第一、第二次錯誤能讓別人理解，可是第三次錯誤之後，下屬終於明白：過於自信就是他們「觸礁」的根源！換句話說，這些過於自信的領導絕不是一個優秀的決策者。

問題在於，幾乎所有的領導者都認爲自己是自信，而不是過於自信。如果眞能從過於自信中吸取經驗，明白自信是決策所需要的，而過於自信——自負則是決策不需要的，那麼企業領導在做出決策時，就掌了「適度」法則。

發揮整個管理群的集體智慧與經驗來參與決策，遠勝於只依靠領導的個人決策——尤其在市場蕭條的時期。取決於一個完整的、設計良好的、詳盡的輪廓或計畫，將大爲減低造成不必要的失敗的危險性，但如決策不當或魯莽從事，很可能將造成公司的致命傷害。

日本松下公司總裁松下幸之助把自負與決策的關係概括爲以下十點：

①誇大自己的本領，不相信別人的意見有正確的成分。
②自以為對市場的把握比較準確，實際上缺乏客觀事實。
③喜歡從過去的經驗中找決策的依據，而不顧及眼前發生了變化的情況。
④對待下屬的意見，一味採取排斥心理，總認為下屬的看法都是淺見。
⑤善於用一種套路去決策，而不能夠用多種方法，多種選擇。

⑥僅僅看準某些「新」、「奇」、「特」的東西，認為凡是這些東西必然具有決策的價值，而忽略長遠利益的參考。

⑦嗜好自己念自己的「經」，不願聽別人失敗的教訓，總認為自己能決策好，能幹好。

⑧特別喜歡走極端，在極端的選擇中求決策，求生存，而不知極端往往就是死路一條。

⑨心胸狹窄、私欲強烈，即使別人提供的決策合理，但因為這個人與自己有衝突，就不採納。

⑩試圖用自己認可的決策，來表明自己在公司的地位是多重要，而把集體利益置之度外。

假如一個企業主管不能從心理和行爲上克服過於自信給決策帶來的「滅亡」後果，那麼這個主管是在「走鋼絲」，說不定就會被炒魷魚！

要承認自己不是萬能的

身爲企業領導的決策者，如果要改掉過於自信的毛病，首先要承認無知——即承認事實上還有許多自己不瞭解的東西。然後主動去蒐集、瞭解它們，創造出一個清楚無誤的決策方案。

爲你的決策明白地做出一個方案，是防止你在判斷上過於自信的一支解毒劑。仔細的界定問題通常有助於你去瞭解困難的所在。仔細列出決策所需要的情報，是更進一步抵抗過於自信的武器。如此做後，能讓我們對附和性的事實證據所具的天生偏差態度有所認知。

另外，作爲決策者必須牢記，要訓練有素去找尋與你的意見可能相左的資料。如果你花精神去找而無所獲時，你才有理由充滿自信。找尋的辦法之一，就是設立另一個可供選擇的假設，兩個一起接受測試。和資訊一樣，凡是和決策者一致的意見，無論動機如何，都屬於附和。喜歡並能聽進去這種意見的決策者，其決策不可能不出現錯誤。

但歸根究底要避免過於自信就必須對你所知與未知部分都具有良好的瞭解。沒有一個人能瞭解世界上所有已知和未知的知識，如果每一個企業的決策者都懂得這一點，他還會在決策時過於自信嗎？

塑造合格的自信決策者

自信與自負都是考驗決策者是否合格的兩個方面。但不少企業的領導主管並不認爲過於自信一定會產生錯誤決策。他們說，「我一定要有十足的自信感才能把決策工作做好。」

爲什麼人們如此迫切的需要自信感？眞有過於自信的情況，用在哪裡才會對呢？**在做決策時，理想的企業主管應是一位現實主義者，但在執行時，他又該是一位樂觀主義者。**不幸的是，僅有極少數的人士才能在現實主義與理想主義的角色轉換時機上掌握得恰到好處。爲了達成效果，你必須激勵下屬，打動他們說某些事項一定辦得到——而你自己本身又是在旁觀者清的情況下這樣做才行。

你要如何才能維持自我的超然決策能力，而又能激勵你的人效率十足的往前衝刺呢？可細察大將軍是如何帶他們的部隊執行任務的。他們以最樂觀的方式傳達消息給基層的小兵。但他們會想辦法去避免其大計方針所可能有的扭曲情況。他們會問尖銳的問題。他們會尋找赤裸裸的現實狀態。

一旦他們對戰鬥的主意拿定之後，勇往直前地在營地集合部隊，渾身上下充滿著動人的自信。領導企業如同帶兵打仗，某種謀略的過於自信的氣勢能帶動執行者往前衝刺，但從事規劃掌大局者應該有一種現實穩重的態度。以抽象的意義來說，這套看似簡單易行，但由決策者轉至執行者的角色會在哪裡發生呢？很多人是身兼兩種身份。

問題的關鍵是，無論是就組織或自我而言，企業領導者過於自信務必要被瞭解清楚與管理得當。防止過於自信，意指當你收集情報或做決策之際須以務實的態度來審愼思考問題。考慮你所可能有的選擇，列明其幅度範圍或可能性，權衡其可能性——好處與壞處都要包括在內。

但在時機已邁入執行決策階段時，只想正面的好處向前衝。使盡全力以求成功。說服其他人各就各位，狂熱地投入工作。當你能以這種方式將過度自信導入正軌爲你所用時，那你就已把它掌握好了。

一個沒有自知之明的人，做什麼事都會出現偏差。他以爲自己一定能做好一件事，結果往往半途而廢。缺乏自知之明的程度愈厲害，產生的偏差就愈大。一個企業的決策者欠缺自知之明，做決策也會產生偏差。他以爲他所做出的決策，一定能解決企業裡存在的某個問題，但結果問題仍然存在，或者僅僅解決了一部分。

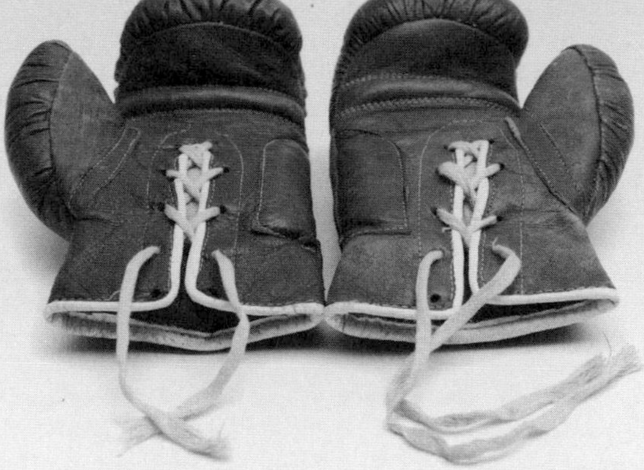

第十四招

成效

只有環環相扣
才有成效

決策沒有成效的人，肯定是平庸之輩，這是經營者的悲哀，更是一個企業的悲哀。許多目標和設想是否有價值，不在於主觀願望，而在於成效本身。成效乃是決策成功的標誌。

成效是企業的命脈所在，是企業上下朝思夢想的頭等大事。

——美國效率家羅伯特·金斯

成功操之在己

「成功不會從天上掉下來。」這說明企業必須要自己掌握自己的命運，不能被動地靠什麼意想不到的恩賜，做到「成功操之在己」，從中創造出決策成效來。

在對一個企業及其經濟的各個方面進行分析時，每一步都涉及決策與行動。決策者的遠見於是得到體現，並轉化爲各項任務與工作安排。每一步分析都應有可以衡量的結果。但是，爲了獲得最充分的成效，一切工作都必須組合成一個統一的成效計畫。

爲使當前的企業卓有成效，可能需要採取一種特定的行動方針。而爲了塑造企業不同的未來，又可能需要採取不同的行動。然而，致力於使企業有成效所做的工作，勢必佔用資源，勢必塑造企業的未來。同樣，爲預期企業的未來所做的一切，也在所難免地影響企業當前的一切方針、預期、產品以及知識。因此，人們在經濟的每一方面所做出的重大行動都必須相互協調一致。各種分析結論之間的矛盾衝突必須得到調和。各種努力必須平衡。否則，一方所做出的努力，會輕易地將另一孜孜以求的努力抵消。當今現實之嚴酷決不能被明日承諾之誘惑所蒙蔽。但是，當今的急務也不可窒息明天的工作，不管它是多麼艱難，多麼令人沮喪。

所有的工作，一經決定，便是今日就須付諸實施的工作。它必須以現有的這點人力、知識和財力資源去完成，不管其成效是近在眉睫還是遠在將來。因此，爲了使企業的所有各個方面得到統籌，必須對企業的策劃、需要的具體優勢、目標的輕重緩急等關鍵性的問題做出決策。

讓策劃為決策指路

對一個企業而言，決定它的決策的主要客觀因素是企業的策略。每個公司都有關於自己企業的一種策略思想，即一幅關於自身及其具體能力的寫照。每個企業的心目中都有一個具體的貢獻項目，並期望以此取得報償。「這不是我們這種企業」或者「我們這裡不這樣辦事」，這樣的說法可能最巧妙不過地表達了這一點。但是，這裡始終存在著一種思想，它決定了決策者如何來看待企業，他們願意採取何種行動方針，而何種行動又似乎爲他們所格格不入，或者是不可思議的。

企業的策略界定了企業決策的大方向和大目標：關於企業的策略，總是決定了一個企業將以什麼來滿足市場，或用何種知識使經濟運行卓有成效。因此，企業的策略同時也決定了一個公司所必須取得並維持其領導地位的領域。

即你的企業能幹什麼，不能幹什麼，要準確定位。當然，這種定位是根據企業的綜合資源來考察的，如人力、資金、投資、品牌等。換言之，企業策劃爲企業決策確定方向。

企業的策略也需要具有可操作性。它必須導致這樣的決策結論，比如，「我們所需的是產品開發，產品開發有可能既開發暢銷的產品設備，又產生對開動設備所需的專有供應品的源源不斷的需求。」或者：「我們尋求與我們的行銷組織和經銷技術相適應的產品和工藝，凡是不容易適應的產品和工藝，一般就只開發到可以銷售或可以向他人轉讓許可證的程度。」再舉一例：「我們並不多麼在乎適用於一個項目的是哪些具體的技術領域，而是注重於系統設計和系統管理的能力是否爲項目所必不可少。」

由企業的策略引出的最重要的可實施的結論之一，或許是關於企業規模的決策。而以發展爲宗旨的企業，與唯有小才能取得最佳績效的企業，所執行的決策是迥然不同的。

如果企業主管不能正確把握企業的策略，對接下來的企業決策將是一個極其危險的信號！一個無法以正確的策略界定自身的公司，會變得漫無章法，很可能目標甚多，變得無法控制。因此，無法形成一種有效的企業的策劃，是一個危險的信號，致使企業主管在企業發展方向方面變得朦朧、模糊。但這不是理由，企業主管決策時就是要排除朦朧模糊的認識，始終思考以下四個問題：

①我們的企業是什麼？

②它的弱點和優勢是什麼？

③它應該是什麼？

④它將來必須是什麼？

這些問題，都是與企業的成效相關的。

縮短決策成效的週期

一個決策如何才能在短時間內創造成效呢？這是企業主管思考的重要問題。

每一個重大決策的四周，皆圍繞著一團氣氛，籠罩著各種環境、評論、異議、相互矛盾但平衡的利益和意見等等。不論如何審慎，各種文件常無法掌握該決策之「氣味」。這些文件只有在重大事項發生而致無法由你的記憶中除去時，才會被記起。

你的部屬很少受到你「所說的」之影響，但卻常會因你「所做的」而深受感動。要說「我正在進行控制的程序」是一回事，但眞正地去執行它，又是另一回事。

合理地掌握和調控週期，加大成效，是企業主管決策時必須考慮的。週期乃指一個決策由構思、文件化、核准、執行到獲得成果，所需的時間。控制週期愈長，則各種干擾性的發展愈可能發生，而減弱了控制之力量。此時，你即無法堅定地執行控制程序，因而必將產生不好的行爲，你將無法完成任務。而你的部屬們，在潛意識接到你這種暗示之後，亦將以之回應。

然而，對許多決策而言，其控制週期必須很長。處理此種控制週期，唯有將之分隔成數段，因此而可用逐步或逐段控制來執行有效的控制。

最重要的，必須確定每個週期皆互爲相關而有意義。它們必須能反映出該計畫活動中每一個自成一體的重大階段之情況，不論其是否包容於一個功能內或同時涵蓋數個功能。尤其是對於各種不同的功能——如市場營運與工程設計、研究工程與生產工程、成本會計與產品管理等等——相交會之「點」，特別重要。

提高成效的方式多種多樣，可以從人力資源中找，可以從經濟資源中找，可以從時間週期中找，還可以從市場中找。而讓所有下屬都知道必須在什麼日期完成決策，是控制週期提高成效的手段。

獲取成效的四大準則

到目前爲止，爲了追求最佳成效，流行四大決策準則：

(1)分享平均利潤

又稱拉普拉斯決策準則。採用這種方法，是假定自然狀態中任何一種發生的可能性都是相同的，通過比較每個方案的損益平均值來進行方案的選擇，在利潤最大化目標下，選擇平均利潤最大的方案，在成本最小化目標下選擇平均成本最小的方案。

(2)小中取大

又稱瓦爾德決策準則，小中取大的準則。領導不知道各種自然狀態中任意一種發生的概率，決策目標是避免最壞的結果，力求風險最小。運用保守法進行決策時，要確定每一個可選方案的最小收益值，然後從這些方案最小收益值中選出一個最大值，和該最大值相對應的方案就是決策所選擇的方案。

(3)大中取大

又稱赫威斯決策準則，大中取大的準則。決策的目標是選最好的自然狀態下確保獲得最大的利潤。冒險法在決策中的具體運用是：確定每一可選方案的最大利潤值；在這些方案的最大利潤中選出一個最大值，和該最大值相對應的那個可選方案便是決策選擇的方案。根據這種準則決策也能有最大虧損的結果，因而稱之爲冒險投機的準則。

(4)選擇期望值最大

又稱折決策法，領導確定一個樂觀係數e，並運用樂觀係數計算出各方案的樂觀期望值，選擇期望值最大的方案。

到底要實行哪種決策準則，企業主管要視情況而定，以在有限的條件下獲取最大的成效爲目的。另外，這四大決策準則都是在創造成效方面指出了一條切實可行的路線，企業主管不妨可以試一試，肯定會嘗到甜頭的。

決策要有輕重緩急

美國決策大師皮爾斯．卡特有一句名言：「決策的最佳時機並不僅僅是快速，而是適速」。和做任何事情一樣，企業決策也要有輕重緩急。這是企業主管應當把握住的問題。一個企業無論如何簡單，無論管理如何有序，企業中有待完成的工作總是遠遠多於用現有的資源所能做的事情。因此，企業必須要有輕重緩急的決策，否則就將一事無成。而企業對自己之所知，對自己的經濟特點，長處與短處，機會與需要的決策分析，恰恰也就反映在這些決定之中。

懂得輕重緩急的決策將良好的想法轉化爲有效的承諾，將遠見卓識轉化成實際行動。輕重緩急的決策體現了領導層的遠見和認眞的程度，決定了企業的基本行爲和戰略。確定先做的事對於任何人似乎都並不困難，使人爲難的倒是決定「後做的事」，也就是決定什麼不應該做。人們怎麼強調也不可能過頭的是，事情不可推遲，只可放棄。重拾先前不得不推遲的舊事，不管當時它看來是多麼可取，幾乎始終是一個嚴重錯誤。這當然也是人們之所以如此不願意確定後做的原因所在。

機會和資源的最大化原則是指導企業確定輕重緩急的準則。除非少數的幾個實屬第一流的資源，被超用於爲數不多的幾個突出的機會，就不能說企業的輕重緩急已被眞正確定。尤其是那些眞正重大的機會，即那些可以實現潛能和那些可以創造未來的機會，必須得到它們的潛能所應得到的資源，即使以放棄眼前利益爲代價，也在所不惜。

但是，確定企業輕重緩急的眞正重要的事情是，它們必須是自覺地和有意識地進行的。寧可做出並執行一個錯誤的決定，也不要因爲痛苦費力或令人不快而逃避這一工作。

有關企業的策劃，企業的優勢所在及其輕重緩急方面的幾個關鍵性的決策，可以是有計畫地做出的，也可以是隨意爲之。它們既可在意識到其影響的情況下做出，也可作爲某種緊急瑣事之後的亡羊補牢。它們既可出自最高管理層，也可出自很多層次以下的某個人，由於他的一個技術細節的處理，在事實上決定了公司的特性和方向。

但是，不管以何種方式，不管出於何處，這些決策總會在企業中做出。沒有這些決策，沒有任何行動能眞正發生。雖然沒有任何公式能爲這些關鍵性的決策提供「正確」的答案，但是，倘若它們是隨意之作，是在對它們的重要性茫然不清之下做出的，那麼它們不可避免地將是錯誤的答案。要想獲得正確答案的機會，這些關鍵性的決策都必須是有計畫、系統地做出的。對此，企業的最高管理層責無旁貸。

輕者當緩，重者當急，關鍵決策，由於和企業生死攸關，更是一刻也不能忽視。事實上，決策本身既是一件硬性工作，也是一件彈性工作，但不能固執行事，應該採取靈活的方法，控制好決策的過程，該先就先，該後就後，做點彈性處理也是企業主管的智慧所在。

第十五招

循序

雜亂無章的思維
不會產生有條理的行動

找不到適當工作方法的人，比那些遊刃有餘的高手至少低了九個層次（假設十個層次為最高）。在這個世界上有許多種方法供你處理大小事件，唯有用自己擅長的那種才會最得心應手。

決策的合理性，就是在能評價行動結果的一定價值體系下，選擇恰當的代替行動。即決策決定的是「應該怎麼做？」而決定決策的則是「為什麼這麼做？」

——美國管理學家H·西蒙

掌握正確的決策分析

企業主管的大腦應該比下屬聰明十倍，才能指揮下屬做出幾十倍的活兒。決策之道，也是這樣。也就是說，你的大腦應該有高於下屬十倍的決策分析能力，才能掌握決策方向。沒有分析問題的能力，眼前可能到處是溝溝坎坎，難以把握明確的目標。

作爲企業領導者，應該比下屬多一個「分析的腦袋」，以便把決策分析合理化。這就如同一個人要做好事，不能光靠蠻幹，還必須能夠觀察周圍的情況，爲自己合理的行爲找到根據。德國決策大師皮爾傑曼說：「決策分析是任何決策者的指南針」。作爲企業領導者就要制定決策，對於一些重要的決策則需要依據數字和統計表來加以分析，從而制定出優良的決策，決策分析技術是領導不可缺少的管理工具。

決策分析的用途非常廣泛，這是因爲自從一九六〇年管理界採用這個技術以來，它一直深受工商各界的信任與歡迎。總的來說，決策分析的運用範圍包括有關產品發展決定、生產設備規模與位置的決定、物價的議定、外銷發展以及其他各種財務管理上的問題的解決。

主管如果想在許多複雜並且未來效果不確定的行動方案中做出選擇，這些行動方案的效果通常要視其施行的決策，而唯一可以借用的工具，就是決策分析了。

在決策分析的過程中，人們發現，運用它對於建立領導者的獨立思考能力是一項最佳的訓練方式。因爲決策分析有多種用途，它的技術已成爲管理上不可缺少的部分；領導者在使用決策分析技術之前，必須具備使用決策分析模型的知識，這就是它的唯一缺點；如今是知識爆炸的時代，領導者不可因爲此一微不足道的缺點而摒棄決策分析的技術。

控制良好的決策原則

良性循環是人們期待事物發展的理想結果。失去良性循環，等於沒有發展的必要。同樣，企業決策也應當是在良性循環的軌道上發展，給企業創造利潤奠定堅實基礎。

(1)在做決定前請多考慮

多數人下決定時是出於一時的意氣，需花很多時間來爲這些決定產生的後果傷腦筋。作決定最好的方法，是在你下決心之前多做考慮。換句話說，先做好你所能做的每一件事，以保證能作正確的決定，一旦你下了決定，並安排執行的日程表後，就不要再爲其後果傷腦筋。

(2)作決策的先決條件：在作決定以前，請先回答下列五個問題。

①這種決定必須由你來作嗎？需要先瞭解你的職權範圍與限制，才能分辨哪些事情是

由你單獨作決定的，哪些可委託員工。

②你必須決定什麼？換句話來說，這是不是值得你注意的問題？

③你必須在何時決定？在你的決定中時間是一個很重要的因素嗎？需要立即作決定呢？還是可拖延而不會增加不良的後果？

④還有其他你必須要知道的嗎？你是否掌握了作正確決定所必需的所有資料？或者可以從其他地方找到更多的情報？

⑤你將如何作決定？把所有收集得到的事實與後果資料擺在心裡，建立損益表，仔細地衡量每一種方案的優劣利弊，從許多可行的解決方案中挑選一種最合適的辦法。

決策原則只是給企業主管告訴一個大件的規格，還要靠自己實際運用，切忌死板僵化，有時候「搞活一塊算一塊」的實用決策原則更重要。

摸準有效的決策方式

我們不能說一定要怎樣作決策才正確，有信心的領導者的確擁有一共同點。他們能掌握資訊、勇於授權、凡事都從大處著眼，勇於下決定。這樣的決策方式才能有效。

(1)掌握資訊

善做決定者的第一個共同特點是：掌握全面的資訊。資訊有時候出於種種原因，使我們沒來得及掌握全面的情況，不得不憑直覺做出各種決策。在這種情況下做出的決策極可能是錯誤的。

麥考梅克曾預測南美將掀起高爾夫球熱，他的公司曾成功地在美國、歐洲、澳大利亞及日本主辦過高爾夫球賽，取得了很好的經濟效益。

他們決定在秘魯、委內瑞拉和巴西也辦一系列類似的活動。他們估算了一下：花費五萬美元資金吸引運動員參加比賽，再花五萬美元用於比賽所需的各項費用。他們主辦這次比賽大約將有十二點五萬美元的收入。公司可以從中獲利二點五萬美元。這不能不說是一個好策略。

麥考梅克忽略了一個極爲重要的事實。六〇年代初，南美的經濟發展不像世界上其他地方那樣穩定，那裡有著不可思議的高通貨膨脹率。前一天賺得的利潤也許會在第二天便化爲烏有。公司非但沒有賺得二點五萬美元，還白白賠了四萬美元。在高爾夫球方面，麥考梅克是專家，可他們並不是研究通貨膨脹的專家。由於掌握的資訊資料不全面，這一次就吃了大虧。

(2)勇於授權

第二個善做決定者的共同特質是：勇於授權。授權並非一蹴而就，得先知道如何訓練身邊的人或部屬做正確決定。很多領導者，直覺靈敏，可以做很好的決定，說不出自己做決定的道理，只好事必躬親，案牘勞形。在此不只教你如何做決定，也告訴你怎樣訓練屬下做決定。你對他們做決定的能力會愈來愈有信心，也就愈來愈能放心地授權。

在企業界，授權成了老生常談的話題，大家會說應讓最瞭解問題的人做決定，很少能確實執行。建立分層負責制度，訓練屬下做決定，他們就不會事事請示，才是具現代風格的企業。

(3)從大處著眼

從大處著眼，可以和不明確地狀況共處。若你感覺不出這個特質的重要性，不妨想想你認識的人裡面，那些凡事務求盡善盡美的人，究竟有哪些益處。他們的世界一板一眼，總是要明確地知道每樣東西的所在，每件事情的進度。他們是全世界最差的領導者。期望他們做什麼有用的決定根本是緣木求魚，再多的資料他們仍嫌不足。這種人適合做實驗助理、工程師、資料分析師等，不確知的因素愈少，他們愈能夠勝任。

練好決策技術的本領

企業是靠眞正的本領闖出來的，沒有本領能打天下，只會是鬧劇。企業主管在某種程度上就是訓練下屬本領的「教練」，只不過是給大家講的是「決策」這一課而已。沒有任何簡單的公式，使人不費力氣地做出正確的決策，提高決策的熟練程度只有一條路可走，那就是學會各種決策方法。正確的決策方法，都是爲某一特定問題制訂的具體方法。在各種可行的方法中，適合大多數和企業狀況的有下列幾種：

(1)一個中心，不同角度

一個企業主管，在著手處理某一問題時，通常會想到自己的經歷。若他當過售貨員，他往往會以一個售貨員的觀點來看待這個問題。解決企業問題的一個成功方法，就是戴上所有頭銜，儘可能多戴一些。

從四面八方不同角度來觀察問題的方法，是哈佛大學商學院以實例爲媒介的教學方法。有著各種不同經歷的一百名學生，在經驗豐富的領導者主持下討論複雜的企業問題時，是從企業實際情況出發的。

(2)認眞研究、權衡利弊

許多人犯有這樣的錯誤：將解決企業問題的答案，簡化爲「行」與「不行」。他們應做的是通過尋找一切可能的解決方法來選擇。解決一個企業中存在的問題的最好答案，經過大腦反覆思考刪改後精選出來，極少有簡單的現成答案。

(3)加以調整

如：可以用逆時針順序來研究一個解決方法，以代替那種順時針順序的研究。解決問題的另一有趣的方式，是將問題的組成部分進行圖解，在空間上給以調整。例如：可以畫出一個表格或座標，縱向列出公司的目標，再橫向列出可供選擇的方案。就可以預先檢查供選用的每一方案：它對公司的目標可完成多少？能完成到什麼程度？

(4)衡量比較

有創造性的人都有這種經驗：深陷於對一個問題的爭論與解決，使人的頭腦發昏，使結論產生混亂。

一個人著手研究問題的解決方案時，往往會不考慮其他可能的方案及其優越性。對尋求解決企業問題的可行方案來說，不受約束地衡量比較與發表意見，是一種很好的途徑。「用技術本領強化企業決策的生存」，這是美國著名決策學家吉利．艾肯的名言！

把握可行的決策步驟

棋是一步一步下出來的，不是一下子撒出來的。企業主管在把握決策步驟時，也應當遵循此理，一步一步下出決策這盤全局之棋，切忌失去戰略方法。企業主管怎樣解決決策過程中的問題，下面提出了五種簡易的步驟：

(1)收集所有的事實

解決問題或者說決策的第一步是收集有關該問題的所有事實。怎樣去收集這些事實呢？有四種基本的技巧可使用：多問、多看、多聽、多讀。

(2)測驗所收集的事實資料

在你所收集的資料中，也許一些不準確，一些對問題的解決不發生作用。下面提供兩種標準，以測驗每一項事實資料的可靠性與可用性。

①準確度：你是否能夠通過個人的觀察，或接受專家的意見，或通過實驗來驗證第二手資料？你所收集的事實資料是否有相互矛盾之處。

②關聯性：最簡單的方法是看這項資料能否有助於解決你的問題。如果答案是一點也沒有貢獻，或者是沒有了它，仍能解決問題，就表示，這項資料對你的問題完全不相干，或是沒有用處。

(3)理性思考

美國新奧爾良的一位心理醫生伊凡認爲在解決問題的過程中容易產生三種心理上的障礙——成見、先入爲主的觀念與感情用事。

首先談成見。成見使得一個人帶著有色的眼鏡來看問題。舉例說：有人認爲一位留有鬍子的男人是不可信任的，當他碰到留有鬍子的人，將他歸類爲不誠實的人。

成見使得你無法接受員工建議性的建議，因爲他不是一位大學畢業生，或是咬一個菸斗……。有一位人事經理，他對於抽菸斗的人有一種成見，認爲他們一定慢條斯理、好做夢、沒有足夠的挑戰力，決不雇用抽菸斗的人從事管理工作。你想想有多少人才就是由於這種成見而失掉雇用的機會。

第二種障礙是先入爲主的觀念。雖然先入爲主的觀念容易導致偏見，可是兩者並不一樣。先入爲主的觀念使人無法接受眞理，例如：儘管有很多證據顯示，抽菸和肺癌相關，但抽香菸的人一直堅持抽菸並不一定會導致肺癌。

要克服先入爲主的障礙，需要先把下列問題，拿來問問自己：

①我假定的某些事情是真的嗎？

②事實能夠證明我的假定嗎？

③我存的是一廂情願的想法嗎？

④我拒絕考慮可能的因果關係嗎？

⑤我的假定能通過邏輯的考驗嗎？

最後談感情用事。任何一種情緒——恨、愛、怕、猜疑、妒嫉——都會妨礙對事實做出的評估。一個充滿仇恨的人，認爲每一天都是陰暗沉悶的。一個陶醉在愛河中的年輕人，即使下大雨的日子也會看到從雲層裡照射下來的陽光。請不要在情緒緊張或者受壓抑的時候作決策。

(4)一種試探性的解決方案

在你收集了所有的事實資料，加以衡量，並理智地、科學地檢查以後，就可以做出一種試探性的解決方案。通常最佳的解決方案必須是獲益最多、損失最少的。

(5)採取必要的行動將方案付諸實施

這是解決問題的最後一道步驟，當所有的準備工作已完成時，請不要再猜疑不決，應立即下達指示付諸實施。

遵守以上所提示的原則並應用於實際事務的處理，將能作適時而明確的決策。雖然有時爲集思廣益，需要召集會議，但作決策的卻非你不可。當企業在某一決策的指導下，走出可喜的一步之後，這一步是良好的開頭，繼之而來的是步步爲營，逐漸見效。在企業主管的眼裡，最擔心的是怕決策在中途夭折，因爲這簡直是致命的打擊。

第十六招

情報

真正危險的事，
是沒有人跟你談危險

決策不是決策者憑空想出來的，靈機一動不叫決策，而叫點子。真正的決策是建立在對情報的蒐集、分析，並作出判斷的基礎上的，這才是科學的決策。

恐龍之所以滅絕，主要是因為它的身體同腦子相比變得愈來愈大，所以神經通路的傳導作用越來越遲鈍，導致行動不便，難以適應外界環境。

——義大利決策諮詢專家拉瓦特里

數字是否可以信賴

「一個數字，抵得過一千個文字！」

這是一個數字化的時代，數字在決策中的地位舉足輕重。數字與決策之間的關係非常密切，是一種定量分析。據說，由於這種定量分析總給決策帶來正誤兩方面的特點，你不擺脫數字，卻又必須依靠數字，因此，數字在決策中總是非常神秘的，具有很難的可操作性。難怪有人說：「數字的計算在決策中是另外一種哥德巴赫猜想」。

儘管如此，作爲決策者，企業主管仍然要尊重數字，因爲企業決策，通常是以企業數字來支撐著。用以支持的這些數字愈能耐得住審問、詳查與檢試，則該決策成功的機會愈大。作爲企業主管，你的興趣與力量應集中於對企業的決策及對其所根據的數字的正確性、可靠性與相關性的判斷。

因此，企業主管必須掌握定量分析——定量決策，從數字中尋求最佳答案。因爲，數字往往是衡量決策執行情況和是否成功的標誌。例如比爾蓋茲的資產到二〇〇〇年已達一千一百億美元，可以說是十八年來他用數字逐步評判「微軟王國」決策的方法之一。數字本身就是王國，就是財富。任何企業主管在決策時都不能離開數字的基本要求。

但是在企業決策中又相信這樣一條近似眞理的話：「數字只不過是正確決策的一種證明而已，絕不可能永遠正確。」這就又需要定性分析——定性決策，主要依靠領導的經驗和分析判斷而形成的決策。

爲了更好地理解數字決策的作用，我們摘錄美國一篇題爲〈數量分析，充其量，乃是對一個「正確」決策的證明而已〉的文章，以示說明：

有效的企業主管必然知曉能增加股東權益之『正確』決策。就如同每一位精擅撲克或橋牌之行家都有一份「紙牌靈感」一樣，專精的經理亦必具有其「企業靈感」。此種直覺式的決策能力，乃源於其經年累月的正確經驗——包括暴露於日漸複雜的情況、日漸頻繁與嚴重的傷害性和錯誤的參與等體驗。

但是有效的企業主管，並不只是依賴其直覺的企業靈感。當他的直覺可以提供其引導和方向時，亦必將其有關的數量分析，呈現給其股東及董事會。

最容易被接受的企業用語，會儘可能不用文字敘述的數字。數字可以表示出投資報酬率與許多其他重要資料的改變，而且比文字更爲簡明正確。由數量化的條件進行至數量化的成果投影，擬議的計畫或方案都因而有個精確的解說。因爲即使要接受一個由直覺提出的建議時，亦只有在提出數字分析以備檢查與檢討之後，方可以被核准與執行。

數字不可能取代專業的管理判斷。數字所能起的作用僅是：補充那些判斷、將那些判斷以可量度的方式表出、顯出其定量上之可信賴性，並提供一個可促成有效溝通的工具而已。這就是數字決策的特色。

別輕信估計數字

企業主管進行資訊工作的第一步就是問：「這個估計數字的意義何在？」除非你確切知道它的意義所在，否則你很難下手去改進它。我們來看一個數字決策的案例：

①假設你的行銷經理宣佈說，他「有理由肯定」他能在下一年度賣出二十萬個小電扇。你瞭解他的意思，不是說他剛好可賣出二十萬個小電扇。製造部門是否該規劃剛好生產二十萬個？當然不是這樣子。然而他的估計數字又告訴你什麼了？在事實上，這位經理確實知道他在表示些什麼嗎？

②為了創造出有用的估計數字，你必須將它們套入一種使其意義被確切瞭解的形式中——一種可讓你評估某位預測者的記錄究竟是好是壞的形式。最佳的方式是列明某一範圍或自信的程度：「我估計我們在下半年度將銷售十八萬至二十萬個小電扇。我有百分之八十的把握」。這種形態的估計數字將遠比一個斬釘截鐵的預測有效得多。它讓你的機構能以目前既存的現有知識規劃未來，或是不夠確定時，能下

功夫以取得更佳的資訊。而且它能使預測者更容易由經驗中吸取教訓。

③這位行銷經理如果不說一個範圍與自信的程度，而只講他「有理由肯定」他能在下一年度賣出二十萬個小電扇時，那是以個人信譽做預測。假設連續三年來他都說，他有理由肯定他將賣出二十萬個小電扇。而實際上第一年賣十七萬五千個，隔年賣十四萬個，第三年賣廿三萬個。若他只說一個單獨數字的預測，員工可能會無休止地爭議他的錯誤是否合理。

④但如果他預測了一個範圍，每年十八萬個至二十萬，配上百分之八十的自信，那你就能十分肯定有什麼地方出了差錯：因為三年來一系列的銷售數字業已不在預測的範圍內，所以那位銷售經理該會感覺尷尬下不了臺。如果你是他的老闆，那你將瞭解不是他需要更佳的預測訓練，就是公司該集中力量在較短期間的預測，這樣對他來說比較容易些。

⑤當然，錯誤的預測不僅會傷害行銷經理的信譽，同時也會傷害公司的全盤作業。為了保障他本身的信譽起見，你公司的銷售經理應學習做更精確的自信範圍預估才行。過一陣子後，可能會發現當他說百分之八十肯定某事的時候，是真有百分之八十的機會發生。在理想上該行銷經理可運用我們介紹的線性模式的方法來製造其估計數字。

⑥現在這位銷售經理的預估數字將可使製造部門能務實地與供應商打交道，及財務部門可規劃出務實的現金流量。但若缺乏自信範圍的估計數字，妥善的風險評估是真的不可能辦到。

從某種意義，凡是估計數字，無論從何而來，都只能是定量決策的參考，作爲企業的決策者都不可輕信。

掌控資訊，大有可為

在社會發展到如此複雜而且多變的今天，資訊量已經爆炸性地劇增，資訊對於預測和決策的意義就更加顯得重要。今天的管理階層所面臨的問題往往十分複雜，牽涉的因素很多，需要大量的資訊才能做出正確的分析與判斷。資訊的意義就顯得十分突出了。中國上海有一家保溫瓶廠，花了十年時間，耗費大量人力物力，試驗成功了以鎂代銀的鍍膜工藝，事後才知道該項發明專利早在一九二九年就由英國一家公司申請了。資訊不足，尤其是主要關鍵性資訊的缺乏，使企業吃了大虧。

外國企業非常重視資訊的蒐集與加工，爲此而不惜耗費重金。日本有名的三菱公司就不惜支付巨資在世界各地建立情報網，該公司每天從世界各地收到的電訊稿，一個人要讀六個月才能讀完，其資訊量收集之大由此可知。日本實業界特別推崇中國的《孫子兵法》，其中的一句名言「知己知彼，百戰不殆」受到廣泛的重視。何以知己？何以知彼？靠什麼來瞭解競爭雙方的特點和條件？靠的就是資訊，也就是我方的情況和對手的情報。孫子這句名言說的就是資訊極端重要性的原理。

資訊對預測和決策是如此的重要，但預測和決策對所需的信息也有其要求，並不是隨便什麼資訊或者隨便有多少都可以滿足需要。歸納起來，對資訊的要求有及時、準確、適用、完整和經濟性五個方面。

資訊的及時自不待言，其準確性更值得重視，尤其是在資訊量劇增、各種干擾性甚至欺騙性資訊充斥的今天，更是需要有一雙「火眼金睛」。**資訊能否準確，關鍵在兩個地方：一是源自那裡，要看資訊是否來自真實的原始記錄或者深入的實地調查，一個弄虛作假、假帳真算、瞎編亂估等產生的只能是假資訊，二是在傳輸與加工之中也有可能引起資訊失真。**

在科學技術高度發達的今天，一個企業要想在競爭中立於不敗之地，關鍵在於資訊是否靈通。有人把資訊比作企業的生命，這種比喻是十分貼切的。美國加州有個服裝公司，一九八五年銷售額約達三億美元，當人們問到他們的成功秘訣時，他們回答：「是資訊靈通，給我們帶來了繁榮。」

一句話開創一個行業

現今是一個資訊的時代，資訊量呈爆炸性地增長，因此，如何在紛紛繁繁的各種喧囂聲中尋找到你所需要的資訊，是每個企業、每位管理者必須解決的問題。對於實力雄厚的大公司，可以不惜巨資建立自己的情報網和資訊處理中心，一般的公司也可以向資訊諮詢公司和資訊開發公司等專門機構求助，那些財力人力都不夠的小公司又該怎麼辦呢？其實不必擔憂。今天所缺的不是資訊，而是缺少慧眼識眞金的人才。只要做個有心人，時刻注意聽、看、讀、問，電視、電臺、書報和旁人那裡就有資訊的金礦等待你去發掘，在必要的時候再做有重點、有目標的搜索就行。

被稱爲香港「假髮之父」的華裔富商劉文漢，就是在餐桌上憑一句話而發達的。

一九五五年的一天，劉文漢在美國克利蘭市的一家餐館裡，和兩個美國商人共進午餐。席間，他們談到如何開創一門新副業，使之在美國得到暢銷，其中一個美國商人說了兩個字「假髮」。劉文漢反問了一句：「假髮？」那人點點頭說：「假髮」。真是，言者無意，聽者有心。當時，連假髮是什麼都不知道的劉文漢憑著他敏銳的感覺和聰明的頭腦，認為假髮業一定會給他帶來財富。於是，他千方百計，千辛萬苦，終於找到了當時在香港、九龍獨一無二的假髮製造師……。經過假髮師的幫助，劉文漢生產出了品質優良的假髮……劉文漢的假髮製造業為他開創了史無前例的黃金時代，香港也差不多在一夜之間成了世界假髮製造業之都——香港的假髮熱，簡直就像當年美國的淘金熱一般啊！

這就是資訊對決策的重要性，因此，眞正的決策者必須是資訊大王。

回饋要精確無誤

對企業主管而言，如何掌握決策資訊的回饋（確認銷售後或行動後的市場現況，或可能爲確認組織的行政績效等等）過程相當重要。

在決策的情報工作中，回饋是很重要的，可以爲下一個決策起到一定作用。回饋是企業決策中的最後一環，但卻不可缺少。回饋有適當的，也有不適當的、變了形的。後者屬於不良回饋，它對於決策者有害無益。**作爲決策者必須避免回饋不良，否則會影響到對決策效果的錯誤判斷，間接地導致下一次決策失誤的發生**。這種埋伏的隱患遲早會發作。可以說沒有精確的回饋，就不會有精確的決策方案。

一旦你將範圍與自信的程度引入估計數字之後，你必須要能肯定的是，做預估的員工能及時地收到精確的回饋，他們已在訓練中進行改善工作，他們要負責追求卓越的成果。

這裡，我們必須注意回饋中的出錯現象。回饋，也就是對決策效果所做出的反應，同時爲一次決策積累經驗。因此，回饋的適當與否，同樣對決策有重大的影響。企業主管必須控制好決策資訊的回饋過程。

爲了改善經驗所帶給我們的事實證據的品質，我們一開始就該瞭解我們今日正在接受的回饋有什麼不對勁。然後，我們才能把握機會來克服每一項重大的問題。

大多數企業主管爲下列幾項毛病所苦：

①無從得知的回饋：在關鍵的問題上缺乏資訊。

②模糊的回饋：事實已被決策者及其同僚在初步判斷後採取的行動影響。

③混淆的回饋：無法控制且無從預測的因素——影響決策成果的干擾因素；

④被忽略的回饋：不完全的運用成果所早就擁有的資訊。

英國曼徹斯特的一家銅製品生產公司的主管說：「資訊回饋比一切漂亮的讚美和尖銳的諷刺都有力於決策，即使它證明決策本身是錯誤的，也能爲產生新的決策起到推動作用。」因此，對企業主管而言，回饋對於決策的作用有三點：

①能推動以前決策的進一步深化。

②能提供修補以前決策偏失之處的資訊。

③能否定以前決策的不合理性，迫使產生新的決策。

處理資訊的方法

有人說，眞正的企業主管必須是資訊大師，他的腦子是決策的思想基地。作爲企業主管，你無可避免地需面對著決策之工作。你必須探知你所收到的數字是否合理，或者他們是否太過樂觀或悲觀。如果你認爲它們不合理，則你的出資者亦必認爲它們不合理，此時最好是丟棄它們，再去尋求更合理的數字。

決策中的錯誤均與收集資訊的工作有關。這時就會產生一個問題：爲什麼蒐集客觀、準確、全面的情報工作這麼艱難？德國決策大師馬克賓白認爲，主要原因包括：

①我們的判斷、估計數字與資訊通常會受到制度上偏差的干擾。

②我們會過於自信。我們自認所瞭解的比實際瞭解的多。這表示我們審視了過少的資訊，問錯了問題，在做判斷上無法從事緊要切題的思考。

③我們所依據的是最現成隨手可得的資訊而不是那些最有價值的資訊，特別是在現成資訊是新近得到，或由一特殊鮮明經驗所得時，更是如此。

④我們把未知部分的估計數字套用在一些我們已知的事項上，而且通常會對其他的因素部分怠於做充分的調整。

因此，**爲了掌握情報的收集，我們務必在開始時就自問下列三個緊要的問題：**

①我們真正瞭解多少？
②我們知識的基礎真的有代表性嗎？
③我們的估計數字與判斷穩當嗎？或我們已經過度依賴一個輕易可得的現成基準點數字了？

大多數的人們，為了掌握決策的情報收集層面必須要有一套系統化的方式，而且要對過於自信，及現有情況將使人們產生何種偏差有所瞭解才行。但僅僅瞭解還不夠，要成為一個優秀的決策者必須徹底改正錯誤。

改正錯誤的唯一辦法就是避開蒐集情報工作的所謂「終南捷徑」。換言之，決策者在收集資訊的過程中要做到耐心和細心，蒐集和整理工作要系統化、全面化。任何走捷徑的想法，都是有害的，甚至是致命的。那些喜歡走捷徑的決策者，如果不是不用負責任，就可視作存心，因為他明知決策無捷徑可走！正確處理資訊的方法是：

①擴大資料調查的範圍；
②確立正確的數字調查方法；
③把數字的歷史調查和現實調查結合起來；
④對數字的分析工作要精準；
⑤建立合理的資訊回饋系統；

⑥注意回饋的連續性；

⑦不要用人為的因素干擾回饋；

⑧清楚地整理回饋材料；

⑨建立數據網和回饋資料庫。

但必須注意一點：我們雖然提倡決策者要注意收集情報，但情報太多了也不好。最後，要問是否你可能已收集了過多的資訊。如果你是處於完全理性的態度下，更精確的資訊對你是有益無損。但對一般人而言，太多的資訊在實際上會造成傷害。資訊太多，人們就會窮於應付。大量的資料可能只會混淆問題。資訊——或者說資訊太多往往會令決策者無所適從，甚至不堪重負，這就會拖延決策的時間。

第十七招

理性

你得到的第一個回答
不一定是最好的答案

直覺是一種靈感。在生活中常憑直覺決策，結果有成功，也有失敗。我們也許因此習慣了直覺。但企業決策比生活中的小決策要大的多，憑直覺決策就顯得過於隨便，像在碰運氣，這樣的決策顯然是不行的。

直覺有助於做出決策的第一反應，但不能成為最後的反應，因為真正好的決策，最終要靠判斷力來完成。

——加拿大多倫多大學企業策劃學家B．阿達克

別讓到手的鴨子飛了

假設你的決策已能反映你所面臨問題的本質，而且你又已收集到絕佳的資訊，那你就能做出最佳的選擇嗎？

所有的決策都與直覺有連繫，因爲少了它就無人能適當地捕捉問題，或者明智的收集資訊。無論何時只要在做有重要意義的最終抉擇時，它就值得你依循某種有系統的方式來做決策。

而太多的企業主管在處置問題時愼重其事，很出色的收集到有關的資訊，但到實際做決策時，又讓「到手的鴨子飛了」。他們並不知道有其他的路子可走，因此所做的決策未能讓他們擁有達成目標的好機會。

大多數的企業主管以直覺來做決策。用直覺做小決策是挺好的——到哪兒去買日用品，如何去整理你的檔案櫃，以及是否將打電話改用寫備忘錄的方式等。但經由一百多次的研究後，得出了一項有關做決策或預測的重要結論：你有辦法發展出各種程序步驟來做決策，而如此做出的決策勝過亂無章法、直覺所做出的決策。如果你能依循健全的步驟做，那你就有更佳的機會來達成你的目標，遠勝過只因爲你「感覺對」所做的選擇。

當你要在僅有的少數幾個可供選擇的方案中做出獨一無二的決策時，就需要列出每一個可供選擇方案的正反意見。概括地講，直覺決策的作用有三點：

①能夠敏銳地捕捉到決策的資訊。

②過於感性，不成系統，甚至是錯誤的。

③直覺決策需要靠理性、分析來加工。

直覺決策固然有效，但一旦發生失誤，就會上演「到手的鴨子又飛了」的悲劇。作爲一個企業的決策者，切莫因此迷信直覺決策。

客觀就是事實

客觀是事實，即決策不能違背客觀。

相對於主觀的決策模式，客觀的決策模式，並不是比前面那個字眼更勝一籌，而是實實在在地無可挑剔。當然，只運用一種主觀的模式是無法使我們的決策完美無缺。儘管依據主觀模式所得出的結果遠較直覺式決策良好，但在某些時候它們還是有失誤產生。你能做得更好一點嗎？其答案通常是否定的，但是：

①如果同樣的決策是重覆的做。

②如果過去的決策結果的資料是現成隨時可用。

③如果你有充足的理由期待未來的狀況與過去的相類似。那你就可以設立一個選擇用的客觀決策模式。很多研究報告已顯示，客觀決策模式的表現甚至比主觀決策模式更好。

你可用與主觀決策模式絲毫不差的同樣方式，設立客觀的決策模式。但你要用實際過去的結果來統計推演出模式，取代由專家的主觀預測所推演出的。這就是保險公司所使用的方式，例如根據精算資料來估計風險水準時就用它。

儘管如此，很多預測者在使用類似的客觀分析預測未來時，常懷恐懼的態度。特別是在預測複雜的經濟現象諸如價格或市場佔有率等，有許多事實證據顯示，基於過去資料的主觀決策模式可能是一種差勁或危險的預測工具。

事實上在很多其他領域中，主觀的決策模式已被證實是一種卓越的預測工具。就如同主觀的決策模式在許多測試中勝過直覺式的一樣，客觀的決策模式也在相同數目的測試中勝過直覺式與主觀的兩種方式。特別是，不管在何處，你要預測人類的行爲——誰將在某個工作上成功，誰將買你的產品，或是否病人會對某癌症藥物有反應——客觀決策模式會比任何其他方式都管用。其所預測的比直覺式或主觀的模式都好。對某類的工作諸如雇用的決策、醫療診斷，與直接郵遞的廣告運作設計等，客觀的模式都是最佳的現成指引。

客觀的決策模式在製作所有各種估計與預測數字上也相當理想。確證和估計數字，都是客觀與主觀的決策模式採用的常見之法。統計上的分析（無論是屬於客觀的模式，或自力更生的主觀模式）同時也能顯示出，你所收集資訊中的某些項目在製作預測數字上派不上用場。果眞如此，你通常可因此免除收集這些資料的花費。

客觀決策模式的另一個好處是，它能儘量避免受決策者個人主觀的意見的影響。

要有長期的意識

決策有短期決策，也有長期決策，相應地也有短期決策模式和長期決策模式，後者較前者更佳。

主觀與客觀的決策模式都是進行重大決策的最佳工具。但就那些有非同尋常重要性與獨特性質的決策（例如像決定你公司的長期策略），它値得你與決策顧問一道研商，做出一多重性質的效用分析。這些分析能將一個選擇性的問題拆解到關鍵性的細小部分。從事這個分析過程的顧問們會提出詳盡的可互換抵消性的細節問題來討論，用來決定該組織眞正的偏好何在，（你願意在下年度放棄多少的利潤以達成增加百分之十市場佔有率？）如果是要做一個獨特、複雜、又有重大意義的決策時，多重性質的效用分析將極其有用。

然而爲了控制複雜多端的決策，顧問的典型作風是以特定單獨的數字來做所有估計，而不是以自信範圍表示。因此，由多重性質效用分析所得到的終結報告顯示，它在瞭解未來的精確度上遠勝過分析本身真正能有的。一項就廿五個策略可供選擇所做的分析，由「最佳」到「最少」，標列在各項選擇上，將製做出一份極端精確的評比標準。

長期決策模式最大的優點是，它的決策著眼於企業的長期利益而不是短期利益。培養長期的決策意識，要做到：

①不要被近期效益的好與壞而弄得過於興奮或悲觀。
②相信長期目標和長遠效益成正比。
③能夠老謀深算，計算自己的長期策略。

釘子往哪釘

做決策，就是釘釘子，有板有眼，不可亂來。

照理說，只要按我們說的去做，掌握正確決策的技巧並不難。然而對於馬虎型的領導而言，掌握正確決策的技巧需要長期練習並改變任意行事的不良習慣。

在所有決策中僅有極少部分才須用到多重性質效用分析。我們相信在一般的情況下，決策者該採用下列方式：

①如果決策的得失不大，以直覺式或簡易的決策規則，做簡單的決策。
②如果存在的資料可製做出一客觀的決策模式，而且無明顯跡象顯示，那些會影響未來現象的因素將與那些在過去造成影響的因素有所不同，運用基於客觀模式的統計化決策規則，客觀的線性模式可用來下任何須重複面對的重要決策或判斷（很多例行性的心理或醫療診斷、雇用決策等都可運用這套方式做決策）。
③在做重要但又不能應用客觀的決策（例如決定要搬遷到某個城市或選那個工作）時，至少該設立一基本的主觀線性模式。

以上三條技巧，在一般情況很管用。

針對未來的決策

好的決策必須有遠見性，決策者切忌貪圖近期效益，而應有遠見。我們說過，企業是預測未來、針對未來的。一個企業的決策再正確，但如果不是針對未來，則難有很大的效果。

不幸的是，所討論的這些並不是關鍵著決策者如何在我們生活的切身大事上做決策。在許多領域中，諸如信用的評比標準，雜誌訂閱的兜攬，與專業的證券分析等，其所隸屬的機構有大筆的金錢與之得失攸關，並且瞭解所牽涉的問題的重大，因此其經理主管已開始仰仗正式的模式來做決策。

但是位置處於人們生活的中心與人命關於情況中的專業人士反而很少利用正式模式。人們把他們一些必須面對的極爲重大的決策，熱切的將信心付諸專家們像醫生、顧問、律師與理財分析師等身上。這類專家竟然無人能迅速地確認，若借助更正式的決策規則與系統化的模式將能提高其決策的品質。

因此所產生的可能情況是，發行你信用卡的決策所用的方式竟然比在你胃部動手術的決策所用的方式更穩當可靠。

我們並不想在此儘量降低醫生與其他受過高度訓練專家們的重要性。事實上，技巧純熟的專業人士在框架問題與收集事實證據方面的重要性正持續增加。但專業人士應該重新深思他們所扮演的角色：在框架問題與收集情報上，他們的直覺式技巧是不可缺少的。他們的技巧在辨認決策所牽涉的相關因素上事關重要。

但是，一旦在適當的框架已選定與適當的情報已收集後，最後的抉擇主要是依正確的規則照章辦事。當牽涉繁多的資料時，輕率地亂下判斷就是一種非專業的態度。只有時刻想著決策企業的未來，馬虎型的領導才能收斂個性，努力做出正確的決策。

除非必要，不做決策

決策猶如胎兒誕生，企業主管則是「產婦」。早產，比足月生產要危險得多了。愈不足月，危險愈大。作爲企業主管，來自許多方面的各種決策工作，終將被推擠到你身上。你不必擔心是否有機會爲自己建立一種精悍而果敢的決策者形象：待獵的雄兔，隨時都站在你的桌旁恭候著。

你所做的每一個決策，都代表著你的一次揮棒，其成敗都將影響你的打擊率。每次打擊多少都將觸怒某人或某團體，甚至與他們結怨生仇。你作爲企業主管，就要使自己審愼的決策和保持自己的行爲不超出引致不滿或結怨的範圍之外。否則，其結果必將是，你將因而喪失你的領導權——你將喪失控制部屬的能力。

做不必要的決策，只會增加喪失控制力、領導力與作爲企業主管的管理效果的危險性。多次之後，在最好的情形下，將被視爲一個愛管閒事者，而不是一個企業主管；在最糟的情形下，將破壞正常的指揮體系而使組織混亂。不必要的決策，經常是一個「早產」的決策，因爲在做該決策之決定過程中所投入的時間，並不足夠；正常所需的懷胎孕育期，已被截短。就如同嬰孩一樣，愈是早產或懷胎期愈短，則其能否生存之風險越大。

第十八招

優選

無論任何問題
總有更佳的解決之道

所謂條條大道通羅馬講的是要善於變通。只有善於多種選擇的人，決策在他的手中不致於成為僵死的教條。要記住：當不存在最佳選擇時，你所作出的任何選擇也只會達到過渡作用。

只有一種選擇的決策肯定不是最好的，因為它是唯一的，沒有可比性。在多種選擇中選擇出一種決策，才是真正的決策。

——美國克萊斯勒汽車公司前總經理李・艾科卡

豈能「兩全其美」

「兩全其美」很好，可是，在大多數情況下容易形成欲望的陷阱，結果兩手都落空。企業能不能在有兩個決策方案的情況下，都試一把呢？但事實證明，唯有「非此即彼」才是理想選擇。所謂非此即彼的陷阱，具體地說就是「兩者擇其一」。

一家小型水暖設備製造商下屬的一家老工廠，由於設備陳舊，在競爭激烈、價格敏感的工業環境中，已面臨喪失市場的危險。管理部門十分正確地做出了決定：公司應該放棄那家老工廠。但由於管理部門沒有強迫自己準備好各種可供選擇的解決方案，因此就決定要建一家新廠。而這一決定終於使公司破了產。在發現老工廠已被淘汰之後，除了決定停產外，沒有採取任何其他行動。其實，當時有很多可供選擇的行動方案：比如可以與別人簽訂生產轉包合同，也可以為另一家製造商承擔經銷業務。這兩個方案中哪一個都可以試一試，而且肯定會受到管理部門的歡迎，因為他們已經認識到建新廠所涉及到的風險。可是，管理部門沒有想到這些可供選擇的方案，等他們想要這樣做時，已為時太晚了。

這個例子說明我們的想像力十分有限。我們總是傾向於只考慮一種方案，總認爲那是正確的方案。因爲公司一向自己生產產品，所以它就得繼續製造下去。由於公司一向將銷售價格與製造成本之間的差額看做是利潤，於是提高利潤的唯一方法就是削減生產成本。

我們甚至從沒想到還可以把產品製造任務轉包出去，或者改變產品的組合。

準備各種可供選擇的方案，這是將基本判斷提高到自覺判斷的唯一途徑，它可以迫使我們對選擇進行審查，測試它們的有效性。可供選擇的方案並不是智慧的保證，也不是正確決策的前提。然而，它們至少可以讓我們避免犯不必要的錯誤。

對可供選擇的各種方案進行考慮，其實也是發掘和訓練我們思維的唯一辦法。考慮不同的方案就是人們稱之爲「科學方法」的核心。不管被觀察到的現象是多麼平常、多麼熟悉，眞正的一流科學家總願意考慮各種不同的解釋，這也是一流科學家的共同特點。

絕大多數人的思考能力並沒有得到充分的發揮。一個盲人肯定無法學會看見東西。然而令人吃驚的是，有正常眼力的人卻對很多東西視而不見，只有經過系統的訓練之後，他才能夠學會觀察事物，才能感覺到很多以前感覺不到的東西。同樣地，人的心眼也是可以被訓練、培養和開發的。而開發心眼的方法就是系統地去尋求和開發對某個問題的各種不同、可供選擇的解決方案。

選擇唯一的答案

只有一種解決辦法的情景是不常出現的。實際上，不管對問題的哪一種分析使你得出了這種令人放心的結論（指只有一種解決辦法），我們完全有理由懷疑，這一解決問題的方案恐怕只是爲事先早已想好了的一個主意提供某種貌似正確的論據而已。從各種可能的方案中挑選最佳方案，我們有四條準則可以遵循：

(1)風險

領導者須將每種行動方案的風險及預期收益進行權衡比較。不管採取哪種行動都會有風險，就是不採取任何行動也不能避免風險。但最關鍵的既不是預期的收益，也不是可能會發生的風險，而是收益與風險的比率。對每種選擇有多大的成功希望或者有多大的風險，心中必須要有數。

(2)省力

哪一種行動方案花力氣最小，而效果最大？哪一種方案既能獲得所需要的變化，而同時又不會對機構產生重大的干擾？操著牛刀殺雞的主管太多了，不過拿著彈弓打坦克的主管也不少。

(3)時機

如果情況緊急，較爲理想的行動方案就是大張旗鼓地宣傳決策，讓企業裡的人都知道某個重要決策即將發表。從另一方面來說，如果需要做出長期和一貫的努力的話，那麼開頭不宜匆忙，以便能積蓄起足夠的力量來。在另外一些情況下，解決方案不能再做改動，因此必須把企業裡各類人員的看法提高到一個新的高度。在還有一些情況下，最關鍵的是邁出第一步，而最終目標暫時可以不提。

關於時機的選擇問題，很難提出系統的意見來，它取決於人的感知能力，而不靠人的分析能力。當然，也有一條指導原則。每當經理們需要變更看法，以完成新的工作目標時，最好還是需要大膽更有遠見些有個完整的計畫和目標。每當需要改變已形成的習慣時，最好一次只採取一個步驟，開始時不宜太猛太快，只做那些起初必須要做的事情。

(4)資源的局限性

最重要的資源是執行決策的人，而對這些人的局限性也必須被充分考慮到。沒有什麼決策會比貫徹決策的人更重要了。他們的觀察力，稱職程度，熟練程度以及理解能力決定了他們能做些什麼，哪些事情他們做不了。一項行動方案若想成爲唯一正確的行動計畫，那就要求執行者擁有比現在更高、更多的品質，因此必須做出努力來提高人的能力和標準。或者，就去尋找具有這些品質的新人，這是很自然的事情。但是，管理部門每天做決策，制訂程序或政策，卻從來不曾問問自己：「我們有沒有貫徹執行這些決策的手段？有沒有可以貫徹執行這些決策的人才？」

不可因爲缺乏人才或者缺乏做好正確事情的能力就可以隨便做出錯誤的決策。決策應從許多眞正的選擇中去尋找，這就是說要在能解決問題的各種不同行動方案中去尋找。如果解決問題需要人們有更多的技能，那眾人們就只能去進行學習，要不就會被有更多技能的其他人所取代。如果只是找到一項紙上談兵的解決辦法，而在實際上卻行不通，那就算不上解決問題，譬如沒有人力資源來執行這一方案，或者沒有所需要的人力資源。而一個高明的決策者，從來就不相信只有唯一的選擇方案。

適當的妥協是必要的

妥協是一種藝術，尤其是聰明的妥協是智謀。無論在談判，還是決策，都應掌握尺度，否則一不小心，就會陷入「錯誤妥協」的陷阱。

妥協有兩種不同的性質。第一種妥協就好比古諺語所說的那樣：「半塊麵包總比沒有麵包來得好。」另一種妥協就像所羅門王判案故事中所說的那樣，孩子的母親清醒地意識到：「與其要回半個死孩子，還不如將孩子送給對方爲好。」在前一種妥協裡，界限條件得到了滿足，麵包的作用是提供食物，而半塊麵包當然也是食物，也能起到同樣的作用。然而，半個孩子就不一樣了，那只是半個死屍而已。

如果在決策時，一味擔心人家是否能接受，害怕有些內容是否會引起別人的反對，那樣做只會浪費時間，是毫無意義的，因爲這種情況壓根就不可能發生。而有些想不到的困難及阻力倒會突然出現，成爲難以逾越的障礙。換一種說法，如果決策者一開始便向自己提出這樣的問題：「哪些東西人家才能接受？」那麼他做出來的決策肯定不會有好結果。原因很簡單，決策者在回答這一問題的過程中，由於害怕別人反對，將會刪去最最重要的內容，從而使自己的決策失去了效益，失去了正確性。在決策中，妥協是允許的，但不允許錯誤的妥協。

聰明的妥協是：

①躲開重大的損失；
②自我力量還不夠，不要強行去做；
③還沒有把握好時機；
④製造一種引人上勾的假象；
⑤懂得「縮回來，打出去」的道理。

隨意而為的苦衷

一個企業，並不是隨時隨地都要做決策。不瞭解這一點的企業主管，很容易陷入決策的必須性陷阱。卓有成效的決策者要問的最後一個問題也許就是「決策眞的有必要嗎？」

因為有一種選擇就是什麼決策也不做。

決策就好比是動外科手術，它是對原有體系的一種介入和干預，所以總要冒休克的風險。如果沒有必要，根本就不需要做任何決策，這就好比一個好外科醫生決不會去動不必要的手術。不同的決策者會有不同的工作風格。有些比較激進，有些偏向保守，但從總體上說他們都遵守一定的工作規則。

如果不採取進一步措施情況將會惡化時，那就必須做出新的決策。如果機會來臨，那也應該不失時機地做出決策。假如機會重要，而且可能稍縱即逝的話，那就必須立刻行動，甚至包括採取巨大的變革行動。

在某些條件下，也的確可以不做決策。有一個問題可以幫助我們來進行鑒別：「如果不採取行動，情況將會怎麼樣？」假如答案是「不會出什麼毛病」的話，那就根本不需要去進行任何決策。另外，假如情況的確有點令人頭痛，但事情本身不是十分重要，也不會造成什麼實質性後果的話，那麼也不必去決策改變。

有家企業面臨金融危機，其財務主管極力主張降低成本。因此，他很可能會抓住某些小毛病不放，儘管克服那些毛病並不能改變當前的局面。比如，當他知道銷售和儲運部門的成本大大超過預定指標時，他就努力地去幫助這兩個部門設法控制成本。可是時隔不久，他又做了一件會給自己臉上抹黑的事。他過分地關心起某個部門「不必要地」多雇了幾個老職工的事。當時有這樣一種說法，認為解雇這幾種馬上就要領養老金的老職工並不能解決企業的效益問題。但是，他批評了這種說法，解聘了那幾位老職工。他為自己辯護道：「其他人都在做出犧牲，為什麼工廠裡的人就可以不講效益？」

當事情過去之後，大家早已忘記是他挽救了這個企業。他們只記得他心狠手辣地處理了那三位可憐的老傢夥。其實，早在兩千年前，羅馬人的一條法律就已經說過：「行政長官不宜去考慮雞毛蒜皮之類的事情。」關於這一點，看起來當今的許多管理者都還需要補上一課。

無從選擇的困惑

有成效的管理者一般不會有很多的決策要做。因爲他可以運用有關的規則來解決絕大多數的問題。有一條法律方面的諺語這樣說：「法律越是複雜，律師越是無能。」他們試圖把各種問題都當成特殊的現象來加以對待，殊不知它們只是一般法律規則下的一個特殊的例子罷了。同樣的道理，如果一個管理者一天到晚忙著做決策，那恰恰說明他是個懶惰而又低能的管理者。

企業主管在決策時也總在留意，是否有異常現象發生。他總會提出這樣的問題：「我的解釋能否說明已被觀察到的事件？能否解釋一切其他事件？」他會將解決方案應該起到的作用寫下來（比如，消除汽車行車事故），接著就定期留心觀察實際效果到底如何。如果發現異常情況，如果發現有些現象他的解釋說明不了問題，如果事件的發展偏離了他原先的設想，那麼他就會重新考慮這個問題。實際上，這些規則早在兩千多年前已由古希臘醫生希波克拉底作爲醫學診斷規則提出來了。後來經過亞里士多德系統整理，並由義大利科學家伽利略於三百年前進一步證實，這些規則終於成爲當前進行科學觀察的一些規律。換句話說，這些規律是古老的、盡人皆知的、經受了時間考驗的、人人都能學會的，也是人人都可以系統地加以應用的規律。

一個整天忙著決策的決策者，並不見得是一個優秀的決策者。

令人驚異的「特例」

特例陷阱，就是決策者對一般的事件，卻進行特殊對待，結果產生偏差。

作爲一個企業主管在決策時，他首先要問自己：「這件事情是屬於常例呢，還是特例？」「這件事是否會引起一系列的其他事件？或者這件事只是一樁與眾不同的特殊事件，需要採取特殊的措施來加以處理？」如果是常例的話，那就要用一般的規則或一般的原則來加以解決；如果是特例，那就只能用特殊的方法來加以解決。

嚴格說來，所發生的事情往往有四類：

第一類雖屬於常例，但其中所發生的某些事情僅僅只是一種徵兆而已。

管理者在日常工作中所遇到的問題絕大部分都屬於這一類。比如，企業裡的庫存決策實際上並不能算作眞正的決策，因爲那只是些變更性的措施而已，都屬於一般性的問題。在生產活動方面，這種情況就更爲普遍了。

一般來說，一個產品管理和工程小組每個月大約要處理好幾百件諸如此類的事情。然而，只要稍作分析，就不難發現其中絕大多數都只是一些表面現象，而在工廠某個部門工作的流程管理工程師或者負責產品生產的工程師卻看不到這一點。每個月他們所遇到的或許就是幾次蒸氣管或熱水管的接口出毛病而已。只有將幾個月來工程小組所遇到的問題綜合起來進行分析，他才能看清哪個才是帶有共性的問題。只有在那之後，他才能明白設備的溫度和壓力太高了一些，聯接各管道的接口需要重新設計，以便能讓更大的流量順利通過。但是，在做這種分析之前，他就沒法看清眞正的問題所在，於是只好花費大量的時間來修理接口，結果卻往往勞而無功。

第二類問題，對公司來說也許是個特殊性問題，但實際上卻是個一般性的問題。

如果一個公司已經接受與別的大企業合併，那麼它就不會再接受其他企業的合併建議了。對其董事會及管理機構而言，接受這種建議只能是一次性的，是一種特殊性的問題。但是，就合併這件事本身而言，那只是一種在企業界反覆發生的、帶有共性的問題。因此，在考慮是否要接受合併建議時，就要考慮某些一般性的規則，那就是要參照別人的許多現成經驗。

第三類問題是眞正的例外情況，確實是特殊事件。但是，眞正的意外事件是不常發生的。這樣的事情一旦發生，那他就得問問自己：「這到底是個意外事件呢，還是另外一類新問題的初次表現？」而這種新的一般性問題的初次表現恰恰就是決策程序必須要處理的第四類問題。

除了確實是特殊事件外，所有其他的事件都需要有一個通用的解決方案，一旦制訂出一條正確原則，那麼對同一類型的問題的各種不同的表現形式，我們都有了一種有效的處理原則。換句話說，只要將原則運用到各種具體的事件上去就行了。但是，對眞正的特殊事件，就必須進行特殊的處理。對特殊事件，光運用原則是不管用的。

決策者往往會花費不少時間來斷定自己要處理的問題是屬於上述四種類型中的哪一種。他知道，如果將問題的類別判斷錯了，那麼他的決策也肯定對不了。

第一類（也是最常見的）判斷錯誤，便是將一般性的事件當做一系列的特殊性問題來處理。這也就是說，當他對問題還缺乏一般性的理解、思想上還沒有一條處理問題的原則時，他必然就會採取一種實用主義的態度，而這種做法不可避免地會導致挫折和失敗。

第二類經常發生的判斷錯誤便是把一件新事情當做老問題來處理，企圖用老規則來解決新問題。

第三種常見的錯誤就是對某些根本性的問題做似是而非的解釋。所以，講究效率的決策者一開始總是先將事情當做一般性的問題來加以考慮。他總覺得，一開始吸引他注意的往往只是事情的表面現象，而他所要尋找的恰恰是現象背後的實質問題。他並不只滿足於解決表面現象這類的問題。如果事件確實與眾不同，那麼有經驗的決策者就會懷疑這件事是否將預示著某個新的潛在的問題，這件看上去與眾不同的事件是否只是某個新的一般性問題的首次外在表現？

比較而言，特殊性的問題比較少，更多的是企業的一般問題需要決策解決。草率行事是馬虎領導的專利和商標。這樣的領導者像個冒失鬼，做任何事都從不深思熟慮。在決策失敗之前，這樣的領導者一直都是快樂的，滿足的。但決策的失敗很快就會毀了他。如果平時工作中的疏忽大意還能令人原諒的話，決策中的草率行事卻絕不能原諒。因爲很可能他一次失誤，就毀掉了整個企業！

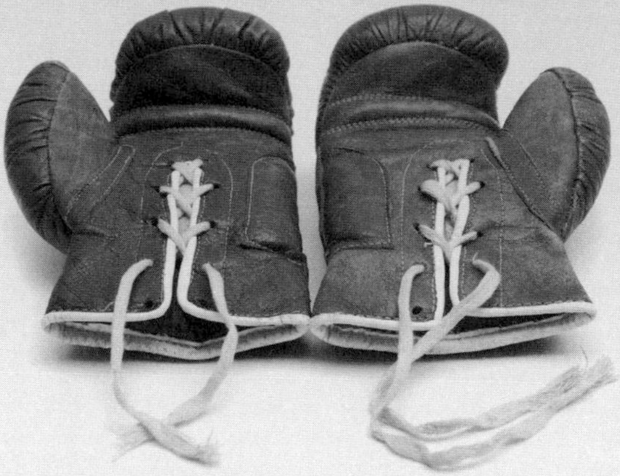

第十九招

市場

高手都是從市場中殺出來的

市場是無情的魔鬼。如果平時工作中的疏忽大意還能被原諒的話，決策中的草率行事卻絕不能原諒，因為市場決不會原諒你的失誤。

世界上每一千家破產倒閉的大企業中，有百分之八十五是因為企業管理者決策不慎造成的。一人一事繫於整體，每招每策關乎全局。

——美國蘭德公司決策執行顧問馬里奧

不要紙上談兵

紙上談兵在企業決策中有三個含義：一是決策只是停留在口頭上，沒有實際行動；二是迷信教條，無法運用於實踐；三是憑空決策，毫無根據。不管是哪方面。凡是紙上談兵的決策，都不可能取得成功。

軍事學家克勞塞維茨說過：「理論給人們帶來的好處應該是人們在探索各種基本概念時得到啓發。理論不能給人們提供解決問題的公式，不能通過死板的原則爲人們指出狹窄的必然之路。」可見，古今中外，奢談理論，不切實際都是兵家的大忌。

兵家的論述完全適用於商家。一方面，決策者必須掌握決策學理論知識，熟諳一般原理、原則，另一方面，也不可生搬硬套，囿於常規，否則就會固步自封，畫地爲牢，爲競爭對手所乘。

紙上談兵是決策的大忌，其最大的缺陷就是理論不與實際結合，只憑決策者的主觀意志想當然地決策。這樣的決策在書面上完美無缺，放到現實中卻錯漏百出，不堪一用！「閉門造車」就是一種。

中國大陸南方某電視機廠準備向泰國出口家用電視機，起初，該廠根據中國大陸人民的喜好，在專供出口的家用電視機上使用紅色，以增加喜慶氣氛，從而有助於銷售。誰知產品在泰國銷路不佳，遲遲找不到大客戶。因為當地居民認為：只有消防車才用紅色，以給人警惕感。在烈日炎炎的夏天，電視機擺在家裡就像一團熊熊火焰，使人更覺得酷熱而煩躁，而且泰國人認為，紅色象徵著血，紅色電視機給人血淋淋的感覺，令人望而生畏。

後來，該廠改用銀灰色，可是還是打不開市場。因為泰國人崇尚佛教，死人時常焚燒錫箔以超度亡靈。他們認為銀灰色像錫箔紙，這種顏色的電視機放在家中會招來災難和鬼魂，不吉利。

那麼，究竟什麼顏色適合泰國人的口味呢？同行的另一家電視機廠的做法則要高明得多。他們一方面組織美術設計人員去泰國逛公園，想從大自然中尋找答案；另一方面派人與泰國的一家諮詢公司連繫，組織人員做市場調查，發現泰國人喜愛藍色。於是，該廠投其所好，經過不斷摸索，將電視機顏色從深藍色改為孔雀藍，最終贏得泰國人的喜愛，這種電視機終於在泰國暢銷開來。

而第一家電視機廠積壓了大量灰色、紅色電視機，不得不運回中國銷售。而中國電視機市場又進入白熱化爭奪狀態，長虹、海信、TCL王牌等國產電視向大螢幕、高清晰度發展，價格也一殺再殺。這個廠只有將那些落伍的、價格偏高的電視機低價處理，虧損了近百萬元。

寬闊的大海是令人賞心悅目的美景，但是海闊必然浪高，這就有了風險。決策之道也是這樣：市場上有利潤，但是市場上也有風險。

在商戰中，決策者只有正視環境，適應環境，具體問題具體分析，才能立於不敗之地。因為競爭的本質是創新，是「物競天擇，適者生存。」舊時代裡形成的舊法、舊規、舊制已不能解釋和指導組織行為，大量老經驗、老框框早已失去了價值。非常規性事件、偶發性事件層出不窮，新情況、新問題、新思想勢如泉湧。在成百上千條的原理、原則中，我們很難斷定哪些是放之四海而皆準。在發達國家被淘汰的或許在發展中國家剛剛顯現出生命力，在不同的產業部門、不同技術裝備水平、不同的領導與職工的能力、知識、素質等變量的制約下，同樣的原理可能會產生截然相反的結果來。因而，凡事只空談理論，不注意因勢、因時、因地靈活決策，必然做出眼高手低、身敗名裂的決策來。

洞悉市場風雲

有一個著名企業家說過這樣一句話：企業要想成功，領導者必須日日夜夜，一眼不眨地盯住市場——市場需要什麼，我就生產什麼。但有的企業領導者卻不是這樣，因此他們所做的決策都是在自己「天才」的頭腦裡憑空產生的，而不是根據市場需要來制定的。這樣的決策，結果可想而知。

對於老闆而言，任何一項決策，都必須考慮以下三個因素：

(1)市場需要

在市場競爭中，與對手爭奪的對象當然是顧客，是由現實的顧客或潛在的顧客構成的市場。在市場競爭機制下，任何企業的生存都依賴於能否佔有一定的市場份額。市場是企業的決策得以最終實現的基礎。

當市場對該產品的需求已接近或達到飽和時，應當審時度勢，除非本企業有強大的實力，可以維持或擴大市場佔有率，否則就應及早退出這種市場。

(2)企業能力

企業自身競爭能力，包括自身優勢和不足兩部分。企業老闆應當對此一目了然，對企業能否提供質量優異、價格適中、服務完善的產品瞭如指掌。

(3)競爭對手狀況

市場競爭是各種力量的對抗，企業家在競爭中只有做到知己知彼，才能做出揚長避短、發揮自身的優勢的正確決策。

一些企業規模較小，與大企業競爭難免有很多不利的因素。在新產品技術開發上面，大企業一下子可以拿出幾百萬、上千萬元，也不急著收回，中小企業則難以望其項背。新產品研製出來後，還要拿出巨額資金作市場開發費用，如媒體廣告、戶外廣告、操作表演、贈送，甚至挨家挨戶上門推銷等，都要花費人力、物力。等產品投入市場時，已形成成熟的生產線、經銷商和消費者之後，大企業的優勢就更爲明顯。

但是中小企業也有自己的優勢。人們常說「船小好掉頭，船大吃水深」。中小企業倘若能夠發揮機動靈活的特點，抓住大企業的弱點，完全能夠「小魚吃大魚」，以弱勝強，以小勝大。一般而言，從新的市場產生，到大企業形成大批量生產，打入市場之前，這段時間是中小企業搶佔市場的戰機。因爲此時，大企業爲了萬無一失，肯定已作過詳細的謀劃和準備，投入相當可觀的資本。短期之內，生產成本是降不下來的。中小企業輕裝上陣，無須多少改建、產品開發、人事安排等投資，因而可以搶先一步。

富士公司發跡史中最值得稱道的莫過於它的第三條戰略。這一戰略就是經營決策學中廣爲流傳的ＫＦＳ法，即關鍵要素法。企業在所擇定的經營領域（或目標市場）裡尋找成功的關鍵要素，然後密集配置，取得優勢。

日本管理學者大前研一說：「當資金、人力和時間像今天這樣的珍貴時，把有限的資源集中在能決定企業獲得成功領域是至關重要的。僅僅像競爭對手那樣調配資源不會產生競爭優勢。如果你能確定你的工業部門成功的關鍵領域，並將資源的正確的組合調配給它們，你就可能使自己處於一個真正有競爭優勢的地位。」

富士公司的第三條策略無異於ＫＦＳ理論的一個註腳。假如富士公司不選擇柯達勢力尚未介入的一步成相法膠卷集中兵力，而是像柯達公司將公司的人、財、物平均分配到各種攝影器材，搞多種化經營。全方位競爭，結局如何是可以想見的。

反過來看柯達，在市場前景看好、產品利潤可觀時，也不能鬆懈，應當抓住有利條件，儘快形成規模生產。如果就此止步不前，就可能喪失擴大市場的最佳時機，被競爭對手所趁。

主動開拓市場

中國大陸北方某牙膏廠在九〇年代曾推出十分暢銷的「利齒靈牌」牙膏。該廠於一九九七年開始小批量生產，因為很適合消費者的口味而大受青睞，很快躋身於幾種名牌牙膏之列，登門求購者絡繹不絕。這時，該廠本應該抓住機會，擴大生產，充分佔領市場。可惜該廠因為人事調動頻繁、領導層互相制約等原因遲遲未作決定，直到一九九八年才開始擴大生產。

在此期間，其他廠的新品種牙膏——藥物牙膏異軍突起，源源不斷地湧入市場。這些牙膏含有中草藥成份，在包裝、外觀方面又給人耳目一新之感，因而很快就在市場上站穩了腳跟。此後，這些牙膏逐步擴展銷路，開始與「利齒靈牌」牙膏相抗衡。而「利齒靈牌」牙膏因為產量有限，難以及時應戰。因而不斷丟城失地，眼睜睜地看著別人的生意做大，牌子越叫越響起來。

一九九九年，「利齒靈牌」牙膏出現滯銷，工廠也岌岌可危。公司領導層決定以低價手段重新奪回市場，恢復企業的生命。

可是天有不測風雲，原材料價格開始猛漲。雖然該廠是全民所有制企業，原材料由在國家控制下的兄弟企業支持，但是擴大生產所需的計畫外供應量，國家是不管的。在這種情況下，該牙膏廠要想擴大生產，必須出高價購買原材料，而牙膏廠的成本勢必就會增高。到同年底，牙膏只能虧本銷售，其他企業見狀也紛紛降價，企業陷入價格戰的泥淖。堅持不到一年，只得停產關閉，「利齒靈牌」牙膏從此銷聲匿跡。

一般來說，企業的產品都要經過試製、批量生產、投入市場、轉化爲資金這四個環節。企業再將資金用於投資購買原材料，則可以進入下一階段，即所謂的擴大再生產。相對而言，第二階段比第一階段要簡單得多，免去了產品試製、市場開發這兩筆費用，因而規模越大，利潤就越高。但是上個例子中，牙膏廠遲遲未能決策大批生產，擴大市場規模，從而失去了雄踞市場寶座的機會，就是因爲沒有根據這一經濟規律行事。企業只在原有規模上生產，則必然面臨技術落後、設備老化，遲早必然被新的競爭對手趕上，進而取而代之。

市場上無數事例說明，一段時間的「領頭羊」，可能很快就會被取代，因而還有「其他的羊」窺視它的位置，時時想擠上「頭羊」的位置。當「頭羊」披荊斬棘，終於踏出一條路來時，它早已筋疲力竭、傷痕累累了。這時是新老產品替代最常見的時候。

與憑空決策恰恰相反的是有根有據，知己知彼，揚長避短，最終決策能做到最大限度地發揮企業的優勢。這樣的決策，只有成功不可能失敗。在市場中找決策，這是勝利的方法！

成為市場「第一人」

企業主管在進行市場決策時，就是使自己的公司成爲市場「第一人」。

一九三五年，捷克布拉格市有兩位商人製造了名叫「Rolpen」（滾筆）的專利圓珠筆，原理大致與鋼筆一樣，內用小活塞把墨水壓到圓珠上，但銷路奇差。後來納粹席捲捷克，這兩名商人也銷聲匿跡。

四年之後，有位身兼醫學院學生、催眠師、新聞人員、雕刻家以及發明家等多種身份，名叫伯羅的匈牙利人，把這種筆加以改良，並在巴黎取得專利。

伯羅在戰爭爆發時，很明智地遷居阿根廷，然後在那兒小規模地製造和銷售圓珠筆。

一九四五年六月，美國寫利製筆公司（Eversharp Pen Company）已經取得伯羅圓珠筆美國地區的專利權，且正忙著加以改造，以便在全美國展開大規模營銷攻勢。

也就是在同年同月，一個鬱鬱寡歡、五十三歲的美國人在阿根廷旅行，他是為了自己的生意才不得已來到這兒的。大半輩子以來，這個美國人都在失敗和挫折中掙扎，直到年過半百，依然一事無成，默默無聞。

一次，他在與一家顧客談判時，對方手中拿的一支奇怪的筆（他還不知道這就是圓珠筆）引起了他的興趣。經過一番推敲，他弄懂這種筆的奇妙之處，便打定主意要擁有它、製造它、銷售和推廣它，並且要弄出自己的牌子和成為此業的佼佼者。雖然他知道在美國人們還不知道它，但他確信它是人人至少會買一次的東西，是絕佳的禮品。這項產品的最誘人之處在於它的低成本、高利潤，肯定將橫掃全美國。

回到芝加哥，他的信心和熱情受到了打擊。兩個無情的事實擺在他面前，一個是實力強大的寫利製筆公司，一個是伯羅對這種筆的專利壟斷權。尤其是後者，幾乎令他感到絕望。但他不肯輕易罷手，找到一位工程師做同伴，兩人一起探索可以繞過「寫利——伯羅專利權」的路子。經過夜以繼日的研究，最後弄出一種不受「寫利——伯羅專利權」限制的方法，發明出一種利用地心吸引力輸送墨水的圓珠筆。

在一個下著雨的晚上，他坐在酒吧間，用新筆在一份潮濕的報紙上塗寫。他突然意識到他的圓珠筆可以在潮濕的紙上寫字，這是鋼筆絕對無法辦到的。

他興奮地冒雨衝回自己的店裡，裝了一盆水，把一張紙放在盆底，拿筆在手，然後就在紙上劃出一條清清楚楚的線。接著就從這裡誕生了他的筆的偉大口號：「它能在水中寫字！」一幅美妙的前景就此展開了。

剛開始，他只有一支樣品筆。他只能親自帶著它到處推銷。四處碰壁後，他敲開了紐約金貝爾百貨公司的大門，並當著那些無聊而又自大的主管們的面顯示了他那支了不起的筆。他們高興極了，一下子就訂購了二千五百支。

新筆上市的第一天，百貨公司打起了那句廣告：「這種筆可以在水中寫字。」這句口號後來證明價值數百萬美元。很多人口耳相傳，認為這是一件好笑的事情。

一九四五年十月廿九日，金貝爾公司打開了營業廳的大門。售貨員被眼前的景象嚇壞了，成千上萬的顧客擁在大門口，爭著購買那支神奇的能在水中寫字的玩意兒。當時的情景幾乎像暴動，該百貨公司被迫召請五十位警察來維持那些爭著擠入店內購買的顧客。

他高薪聘請了幾位聞名遐邇的大律師，向聯邦法院控告兩家大規模的製筆公司——包括那家擁有「寫利——伯羅專利權」的製筆公司。這是一場看來毫無勝算的官司。他毫無根據地指責兩家公司違反了反托拉斯法，處心積慮地阻止他的筆配銷，直到他們本身「過時的」筆出清存貨並製出自己的圓珠筆為止，要求他們支付一百萬萬美元的賠償費。

這兩家公司很快提出了反控告。儘管官司打得如火如荼，各大報紙紛紛登載，但還是不了了之。他們也看穿了他的詭計，但要想擠垮他，又覺得心有餘而力不足。他們的規模龐大，機具的更換、人員的調換、生產的安排都不能迅速啟動，還要考慮工會加薪的要求。總之，他們覺得似乎是戴著手銬腳鐐的巨人與一個詭計多端的小丑在周旋，儘管早已怒火中燒，但難以制服對手。

一九四六年三月，他興高采烈地購進一架已經封藏的轟炸機，聘請了兩位在戰時有豐富經驗的駕駛員和工程師，學起了飛行。這架飛機從紐約拉瓜底機場起飛，東飛穿越歐洲、亞洲和太平洋，歷時七十八小時五十五分鐘。這趟環球飛行表演耗資十點五萬美元，打破了霍華德、休斯環球飛行九十一小時十四分的世界記錄。人人都認為非常值得，包括《時代雜誌》在內。

他爬出飛機十天之後，接受一群群眾的歡呼。紐約的所有報紙都打出廣告：「剛抵達！雷諾彈殼筆！」

銷售量自不必說，一飛衝天。這個故事中您思考的是什麼？是一個野心家的發跡史，還是倒楣的寫利——伯羅製筆公司？順便提一句：他就是「雷諾」，「雷諾彈殼」就是雷諾用來作環球飛行的那架轟炸機的名字。

以冷靜而科學的目光分析上述的案例，應當不難看出：保證一項決策成功的最有效方法，是揚長避短，發揮自身的優勢。假如雷諾按部就班，與寫利製筆公司打爭奪市場的陣地戰，不難想像，他會慘敗在實力雄厚的對手面前。雷諾借寫利製筆公司開發的產品，節省了大筆費用。而將精力全部放在他能發揮天賦的市場促銷方面，結果一炮打響，在圓珠筆市場獨樹一幟。

反觀寫利製筆公司不知爲何，對雷諾的挑釁行動始終沒有給予及時的反擊。假如說當雷諾還在處心積慮，想暗地裡要擠進圓珠筆市場，這種企圖難以察覺還情有可原的話，等雷諾大做促銷廣告，大張旗鼓地發動攻勢時，寫利公司仍然按兵不動就令人不可思議了。可以說，寫利公司是睜著眼睛看著別人搶佔本該屬於自己的地盤。

這個案例給我們的另一個啓示是如何後發制人。商場戰情複雜，瞬息萬變，對手如林。一般而言，企業都願做市場之上的第一人，這樣可以爲廣大消費者所接受。但並非說一旦落後就永無翻身之日。企業的經理老闆只要不產生急躁情緒，認眞總結經驗，對症下藥，就很可能後來居上。

首先，市場開路者未必一定看好，因爲他們往往要披荊斬棘，弄不好就會遍體鱗傷。他們在開發研究新產品、開拓消費市場方面要投入巨額賭注，而開發出來的市場又不可能由一兩個企業壟斷，而後繼者則不必付出如此高的代價。這樣，在進入市場後，後繼者的產品因爲成本很低肯定可以佔有產品成本上的優勢。領先者除非能享受政府補貼，否則難以在短期內把產品成本降下來。

雷諾就是利用了產品成本上的優勢，每支零點八美元而市場價格爲十二點五美元，這樣的巨額利潤恐怕是寫利製筆公司所無法企及的。

其次，市場開路者常常爲後繼者提供了前車之鑒，後繼者如果及時總結經驗教訓，就可避免遭受同樣的損失，呈對產品做出一定的改進。

雷諾就是在「能在水中寫字的筆」這一點上超越了寫利製筆公司，抓住了成千上萬消費者的心理，從而迅速打開銷路，使人們爭相購買。而寫利公司在市場促銷上卻沒有出彩之處，所以一直被雷諾壓制，直到失去一切優勢而被迫退出圓珠筆市場。

市場決策的六種要素

市場決策至關重要，但是有些要素必須要掌握：

(1)要事先想到可能出現的不測

永遠要在事前考慮有可能發生的會將你的全部計畫毀於一旦的每一個不測。能做出正確而及時的決策依靠你對形勢有準確的評價。要使用我前面告訴你的那句問話：「如果……怎麼辦呢？」這樣你就會強迫自己去考慮可能把事情辦糟的每一種可能。那些缺乏預見能力和對失敗的因素估計不充分的管理人員或者招待人員常常遭到失敗。

(2)向你的一些關鍵的下屬人員徵求意見

在你做出最後決策和發佈命令之前，最好要向你的下屬徵求一下意見，聽聽他們對你的決策的看法，吸取一下他們的經驗和思想。你在聽取了他們的意見之後，徵求意見的階段就告結束，這時你就可宣佈你的最後決策，從那時起，你就有權利期望你的下屬全力支持並竭誠執行你的決定和服從你的命令。

(3)知道什麼時候宣佈你的決定最爲適當

選擇適當的時機宣佈你的決定是非常重要的。你一定要讓歸你領導的管理人員有充分的精神準備和時間安排，不能讓他們措手不及，那樣他們就會沒有足夠的時間去制定他們自己的計畫，做出他們自己的決策和發佈必要的命令來執行你的總決策。最主要的一點是，你不要對你的下屬的下屬宣佈你的計畫和命令，這樣會使你的下屬爲難和被動。他們向他們的下屬說什麼，那是他們的事，你不可越俎代庖。

(4)鼓勵下屬不斷地評價形勢和不斷地制定計畫

什麼形勢都不可能是一成不變的，錯誤隨時都可能犯，意外事件隨時都可能發生，鼓勵你的下屬對當前的形勢做出自己的評價，當出現錯誤或者有什麼意外事件發生時，要及時重新制定適應新情況的計畫。

(5)要讓人們充分瞭解情況並跟上時代的腳步

當你做出了正確而及時的決策以後，如果你不能讓所有該知道的人都知道，那豈不是浪費了你的精力和時間嗎。你一定要保證做到每一個人都知道你的決定的內容和決定的進展情況。如果你做不到這一點，就難免出大錯。如果因爲你忘記了把你的決定和執行計畫告訴給某一個關鍵的人而出了大錯，那責任應該由誰來負呢？問題又豈止是該由誰來負責呢！由於缺乏溝通而造成的錯誤往往比故意不服從造成的錯誤還要嚴重。

(6)要重視你的決定的長遠影響

僅僅考慮你的決定會有什麼眼前的利益和作用是遠遠不夠的。你必須能夠預見它將有什麼長遠的作用和影響。你要記住，當你把你的決定公佈出去，你的下屬開始執行你的計畫的時候，事態就會發生鏈式反應。不要讓今天的決定製造明天的麻煩。

市場決策就是要徹底杜絕紙上談兵，決策者的態度最爲關鍵。企業領導要杜絕紙上談兵，首先要尊重事實，一切決策都要以事實爲根據，才能眞正找到市場決策的出路：收集資訊、分析行情、計算成本、預測效益。市場決策是最實在的，其他的都是虛招！

第二十招

統籌

眞理往往掌握在少數人手裡

集體決策就一定客觀、正確嗎？未必。集體決策也常出現意見一致的情況！難道參與決策的每個人事先都通過氣？當然不可能，這是一種奇妙的集體效應。所以，集體決策並非萬無一失。

集體比個人更具有冒險的決策行為。因為一人一個膽，兩人膽三個。

——美國管理學家羅森茨書克

「一言堂」容易抹殺真知灼見

很多人就做決策的不確定處想找出一個簡單的解決方案：他們讓更多的人參與決策過程。他們認爲有許多聰明人湊在一塊，一定會想出一個出色的決策。

不幸的是，不管參與的成員多麼出眾，群聚在一塊並不表示有超人的能耐。**集體只有局限在一種狀況時才可能會比單獨個人管用，那就是在它的成員間出現生產性的衝突時，而這種衝突經由審愼的情報收集與均衡的辯論後能夠擺平解決**。當有這種情況發生之際，集體開會才會較任何單獨個人更能瞭解問題。而且更能因此做出明智的抉擇。

時常一群精幹、有良好的熱情的人會處於不當的管理下。成員們草率地同意了錯誤的解決方案，接著互相回饋讓整個集體肯定地說，大家都做了正確的選擇。成員間放棄各自再細審他們思維過程上缺失的機會。

或是集體可能會變得兩極化，部分成員不合理的轉換到一個極端的位置，或死守著一個問題的反面，導致理性決策的進展變成不可能的情況。

並不是因爲他們笨才失敗的。而是因爲他們循著一條差勁的過程達成他們的決策，所以才導致他們失敗。他們讓集體的內在凝聚力與忠心來支配決策的過程。與集體先入爲主的觀念有所衝突的理念就很難引起注意。

成功集體審慎討論要靠對衝突與異議的技巧管理。在會議的早期階段，應鼓勵集體成員各自抒發己見以求差異化。集體若要得出一個結論，就只有靠事實、估計數字與思考周密的爭論等的準備能實現才行。經由一公平、思考周到的會議過程，得出集體整個都滿意的決策，若是如此，那決策本身才有可能會是一個有效的決策。

集體決策有時也和個人決策一樣，也會犯個人決策一樣的錯誤。

大腦被「病毒」感染

消耗時間、少數人統治、屈從壓力、責任不清是集體決策的病症。集體決策之所以會犯下致命的錯誤，與所謂的「集體思維症」有很大關係。這就是決策們的大腦被病毒感染了。在分析各種類似的集體決策的災難後，研究者發現了一些共同的因素——雖然是很明白的無可非議——似乎都能導致悲劇的產生：

①凝聚力：成員們熟稔，彼此欣賞，一心想保持集體的和諧。

②隔離：犯錯的集體在決策上神秘兮兮，使他們不能與外界人士討論其進展。

③高度壓力：決策的重要性、複雜性、與緊迫的時限使集體的成員處於巨大的壓力下。

④服從強權的領導：領導人已明示他所偏愛的大方針。

所有這些因素湊在一塊，就創造出我們目前所謂的「集體思維症」。這個名詞的出處來自一本書名，在該書中作者分析並記錄這些集體所犯的錯誤。凝聚力、隔離、與壓力通常會導引整個集體很快地達成一致的意見，而且這個一致性通常又支持其領導人原先所擁護的主張。然後組群幾乎是集中全力，一個勁在找那些能證實那一致性意見的資訊。成員彼此間實際上會說：「我們是順著講而已。」

此外，集體思維也能迫使能幹的人幹糊塗事。詹尼斯的集體思維包含下列症狀：

①成員的自我節制。大家會避免說與大多數人意見相左的言論，以免受人譏笑，或是因為他們不想浪費大家的時間。

②壓力在與大多數意見不合者的身上。壓力總是對不同意見的人而言的，如果「一言堂」，壓力就是大家分擔的。

③一種無懈可擊的幻覺。

當珍珠港的指揮官海軍上將金梅爾接到報告說，其屬下已失去日本航空母艦群的電訊時，他將情況挑明了說：「已失去日本航空艦群的下落？難道你的意思是說他們已在鑽石頭（近夏威夷首府兼海港火奴魯魯）附近，而你卻搞不清楚？」實際上，航空母艦群眞的正在逼近鑽石頭，因此才停止無線電通訊以避免被偵察到。

每個案例的最後結果就是審視可供選擇方案與考慮的目標都太少了。決策框架或政策上的可供選擇方案不管是好是壞，在會議桌上誰先提出來，通常就被大家接受。情報的收集工作一面倒，報喜不報憂，特別是在有關集體偏愛選擇的固有風險上更是如此（決策者有時會怠於研判閱讀情報資料，而資料上是早就顯示其關鍵性的假設有誤）。

當一個集體尚未面臨集體思維發揮淋漓盡致的狀況時，很多集體的決策過程仍然在人類順從集體規範而非各說各話的傾向上遭受陷害。集體需要有一些順從性來發揮功能。如果集體中有各種衝突性框架的人，就根本不能達成一致意見，框架的混亂使公司的決策層浪費極寶貴的時間。但集體的成員若在其寶貴的判斷上有所保留，也會造成同樣的危害狀況。

如果順從的欲望會改變這些簡單型判斷的話，那麼在一個眞正複雜的問題上其他人能左右你言論的說法並不令人驚奇。在理論上，兩個人湊在一塊會比單打獨鬥強，但人們通常會以各種方式彼此牽制，阻礙其個別獨立理念利益的全面發揮。

有勁要往一處使

總的來說，集體決策要比個人決策有優勢，更不容易犯錯誤；但要讓集體決策不出絲毫差錯，至善至美，則需管理好集體決策，揚其長處，避其短處。

當個人跨出錯誤的一步搞錯方向時，可以立即轉向。一個集體若曉得跑錯方向要改變路線的話，要有一段更艱苦的時間才能解除成員間的一致協議與期待。因此在開始任何重大的集體決策過程之前，其領導人應該問：

①我召集這個集體的目的何在？

②這個集體該參與決策過程的四個關鍵因素（框架、情報收集、下結論與回饋接受）中的什麼項目嗎？在這些方面中的每一項若以整個集體而論，其所扮演的角色為何？

在集體思維的狀態下，集體很快就達成一致的意見。集體思維並不是總是壞的。如果這個小組真的沒有時間多做討論，且領導人也十分肯定已有某一解決辦法在握的話，那集體思維就能將整體團結起來支持某項決策。在簡短的討論中，成員們可提出簡單的追加意見以利大家執行上的運作。

譬如，當一個銷售小組開會討論這個星期的策略運用時，其領導人就不必要求每位小組成員在會議桌上盡情發表意見。這個小組集會快速的達成一致性的同意，結束會議，開始銷售活動。

但在重要的決策上，集體必須避免附和性與偏極化的危險，與集體的過度自信。在任何場合若集體的領導人希望集體能做出貢獻，他或她該尋求不同的意見。這表示其領導人該：

①要保留他或她自己本身的意見。

②鼓勵提出新點子或批評性意見。

③確定能聽得到大多數人的意見。

日本人的公司就有一項有趣且值得人們迎頭趕上的傳統風尚：照規矩，他們讓最低層的成員首先發言，然後輪到次低層，依次往上。用這種方式就無人會恐懼他的意見與高階層已表示的意見不同而有所保留。日本人的這種方式，可以有效地管理集體決策。

多開圓桌會議

集體決策是大家腦力共同運作的過程。多開圓桌會議，可以集思廣益，從劣中選優，從優中選優。

(1)形成集體決策的方案

一個集體領導者的最重要工作之一就在保證已選對了框架。而實際上可能就是這位領導者在做框架的工作（雖然至少該請其中少數的幾位批判一下）。或是這位領導人可要求該集體不要只討論決策本身事宜，同時也應該討論在根本上是否有做決策的必要。如此一來，通常會迫使集體的成員提出他們各自對目前問題框架的寶貴意見。雖然，領導者必須導引出集體對共同框架的一致意見。

當然，是領導者而非集體的成員在負責保證已選定一個適當的框架。在框架的階段中，領導者也可以同時要求集體討論，在所有已提出的可供選擇間，要如何做出最後的選擇。但領導者應該儘量避免說出他或她所偏愛的某項最後選擇。當領導者的偏好讓大家知道後，很多集體成員的點子——包括有些不錯的在內——將會聽不到了。

(2)收集情報

整個小組通常都會被牽涉參與情報收集方面的工作。分歧的思考是出色集體情報收集工作的核心。鼓勵人們儘可能海闊天空的去思考，提出他們所能想像得出的諸多瘋狂點子。

對傑出集體決策的最大障礙可能非「衝突就是壞事」的錯誤觀念莫屬。若一項集體決策過程想要超越集體思維的限制，那各種理念間的衝突就非有不可，而且珍貴無比。若衝突是發生在一種彼此相敬如賓的氣氛中，那它就能導致較高品質的預測與估計。

衝突彷彿思考裡嗡嗡揮之不去的牛蠅，能刺激我們的觀察與記憶，鼓勵我們去發明創造，讓我從馴羊般的消極無爲狀況中驚起，集中意志找出一條路……。衝突是我們內省與創造力所不可缺的一項要素。

(3)防止不健康的衝突

爲了儘量擴大組群的分歧性，要選擇在背景上與思考風格上都有差異的小組成員。如果成員們能以很多不同的方式來思考問題，那他們就愈有可能產生出衝突性的理念。如此他們就愈有可能彼此互相教導學習一些別的事務，而他們相互間的衝突將能導致新的見解出現。

舉例來說，有些看來只要有電腦專家參與就行的決策，也可試著將一些市場行銷或會計方面的員工涵蓋在小組內。同時，你也必須把集體管理妥當以保證衝突是發生在理念上，而不是成員間的人際衝突。

很多領導者能使決策小組有適當分歧性的簡單辦法，就是挑選那些會直覺式攻擊他們的人，用以求得不同的方式來做決策。同時，現存的很多心理測驗也能協助分析人格上的差異，而其中某些將會在組合決策集體方面特別管用。

在組合一個工作集體時，要想辦法去瞭解你屬下中的哪一位在相對於各種觀念下，會自然而然地處理事實；哪一位會與分析型相反，是憑靠膽識感覺處理事實。然後將他們湊在一起，這樣一個妥善的具推理判斷技巧的組合集體就能爲你那重要且複雜的問題賣力。

重要的是，要了解如何才使有獨特長處或缺點的人們能彼此互補，截長取短。管理良好的專案工作小組就能將不同的人才均衡化。

(4)防止早熟一致性意見

另外一項有助於鼓勵健康性衝突的步驟，就是成立不同層次級別的集體。通常領導者會將收集情報的小組分隔爲更小的不同層次級別的集體，好各自集中注意在不同的工作上。但若要更特別明白些，便可爲同一項工作分派兩個不同層次級別的集體同時並進。那麼對目前的問題他們肯定會獲得不同的觀點。

同時，也可試著在每一次的集體會議上指派某些扮演唱反調的角色。即使是一位軟弱型的異議者出現，還是會對決策有所裨益。作爲決策者必須牢記，不要指派同一人在所有時期中老扮演唱反調的角色。因爲整體個體會學到去漠視他或她的存在。

同時，你也可以要求每一位與會者就每一項重大的問題都至少提出兩個不同的看法。如此就可防止任何人與某一個別觀點靠得太近。此外，集體的領導人可透過腦力激蕩，側面思考，與創意性過程研究的技巧來獲得具有生產力的衝突。集體決策的過程相對個人決策要複雜的多，也要有效的多。

保留爭議，互相尊敬

集體決策最怕的就是產生內訌，一旦產生內訌，決策必然失敗。避免內訌的辦法就是成員之間互相尊敬。人們會與集體中的其他成員有所爭議，但仍可維持相互間的尊敬，只要組織機構能教導它的員工做到——對事不對人。

有幾個技巧將對集體成員間維持互相尊敬有所裨益：

①在集體初期會議中，領導者可趨近每一位小組成員跟前，解釋「我為什麼要選你參加」。這是一次細述吹捧每一位成員過去所做貢獻的機會。

②領導者要確定每一位成員都已對所有關鍵性的問題發表過意見。

領導者可藉著問某位成員所提問題的一面，進而發展出由其他成員的另一方面所形成的問題。例如，若某一會議中產生設計部門與生產部門間的衝突，一位製造部門的人說，零件該再設計，如此，才不致打斷生產流程。此時你可以要求另一位設計部門的員工詳細說明要如何才能辦得到。

若集體甚至在發生尖銳的不一致觀點時都能攜手合作的話，他們就已成爲卓越的解決問題者了。

既要發生爭議又要互相尊敬是卓越群體決策的關鍵。當某項重大決策的情報收集層面完成時，攤在桌面上的事實證據應已豐富到無人感覺其觀點被忽略的程度。

整個集體現在可將注意力集中在發展出一套有系統的方式，就像我們在上一章中所介紹過的主觀線性模式等，用以做選擇。集體的成員可能會將分派過的主觀線性模式等，用以做選擇。集體的成員可能會在分派給不同因素的權數大小上有不同意見，但所有成員至少都應感覺到集體最終所喜用的權數──它將決出最後的抉擇──已被合理的選出。在理想上，每一個人都應同意遵照一套良好的決策過程辦事，甚至在他或她對某些投入因素有不同意見的情況下，也不例外。

但有時強烈的不同意見會造成各持己見的僵持場面。人們可能會對某些在情報收集期間所做的估計產生劇烈的爭議。或是他們可能就分派給決策因素的權數表示強烈的不同意觀點。有些人甚至認爲，一項其他人認爲是不採用某一特殊步驟的決策因素，就眞的是該採用這項步驟的理由（例如，某一製造業的問題在於是否繼續留在一個面臨不可預測的國外競爭的製造市場中時，很多主管可能會認為這種競爭情況就是該退出的一個明白理由。而其他的人則感覺說，為應付這項競爭所學到的經驗，將對整個企業的長久未來有好處）。

當有基本的歧異僵持不下時，集體應將各方面所根據的事實性判斷與假設，從其價值判斷中區隔出來。對每一項假設都查找毛病，收集進一步的資料（必要的話，可請外界的專家提供意見），以降低或消除事實上的不同意見，然後想辦法找出更能配合雙方價值觀的新替代方案。

集體成員之間要做到互相尊敬，保留爭議是唯一的前提條件。

化解衝突，追求卓越

只要化解了集體中成員之間的衝突，集體決策有望卓越！但不幸的是，我們所有的人都必須與那些確實管理不善的決策小組打交道。在一個運作不良的小組中你要如何才能成功決策呢？基本的規則是：

①瞭解領導者的意圖。
②試著表達你認為這個小組必須做些什麼才能做出好的決策。
③要圓滑與不具爭議性。目的是在突出那些蟄伏於小組內的見解寶庫，不必要去「轉變」你的老闆或你的小組同事。

如果領導者是高度掌權抓型的——就是他或她急切地想扮個「老闆」樣，你可能該私下跟他或好好談談有關決策過程事宜。首先，要分析老闆的著眼點，如此你才能用他的語調來談問題。做出一份議程表列出你想講的話。集中注意力在決策過程上，如果必要的話，可提供小組管理的文章或權威的資料。你可能無法把一個跋扈型的老闆變成一個良好的聆聽者，但你可改變溝通技巧，或可協助他從小組中多得到一些東西。

如果你的老闆並不是權力一把抓，只是有些搞不清狀況，那你可將你的看法公開宣揚，但要有外交手腕。要弄清楚小組的目的，究竟是在做腦力激盪或挑戰性的工作，或只是在完成一個大致已成形的決策，談些雞毛蒜皮的瑣事（你的公司可能已有一個合法的理由在限制小組所扮的角色；即使沒有，暗中破壞了老闆的觀點，對你的事業前途也沒好處）。

問清楚小組已處在做決策的哪一個層面。領導者是否有了清晰的著眼點？我們是爲了有良好的情報收集工作才在會議桌上找點子的嗎？或是領導人認爲已到了找個共同點，與做最後抉擇的時刻了？

如果領導人與整個小組富容忍接納性，可建議採取步驟來防止早熟的一致性同意的形成：挑選出有等次級別的小組，或是輪番扮「黑臉」的角色。

大致來說，**能協助集體做出更佳決策的藝術可匯總如下：**

①明智且有良好激勵手段的人們在集體中要做出優越的決策，只有他們在有技巧的管理下才辦得到。

②完善集體管理的核心在於鼓勵集體內部產生出適當類型的衝突，經由更進一步的討

論與情報收集過程後，將衝突完全、公平的解決。

③領導者必須決定在決策的四個因素（框架、情報收集、下結論與由過去實例學習）中的哪個層面，集體可做出他們的最大貢獻。

④在集體審議的早期，領導人應少表示個人意見，因為很多的集體成員當他們的點子與領導人相左的話，會心生恐懼，不敢說出他們自己（可能是不錯）的意見。

⑤一般而言，領導者在任何集體過程中的初期階段應鼓勵提出不一致的意見。然後在取得更多的事實與見解之後，領導者應導引集體找出共同點做最後的抉擇。

⑥如果一個決策過程出現各持己見的僵局時，你通常可以由價值觀問題中區隔出事實性問題來縮小雙方的差距。

集體能做出比單獨個人更好的決策，但是切忌規模太大，耗費太多，其中花大本錢的集體會議做出差勁的決策，實在很難找出搪塞的理由。

第二十一招

事實

在結果受到考驗之前
任何想法都只是夢想

承認書本知識是對的，但不分場合則是錯誤的，這就是教條主義的通病；相反，在企業決策中經驗也很重要，總是影響和左右決策者的判斷。但作為決策者切忌被經驗籠罩，看不到事實。

空想容易失敗，亂思容易衝動。只有抓住事實，才能提高成功的機率。事實是決策的土壤。

——美國決策諮詢機構顧問詹姆斯・森

經驗的偏差

有些決策要依靠經驗來完成，但依靠什麼樣的經驗呢？

世界流行彩券，中國大陸也不例外。每個人都希望帶著中大獎的心情去摸彩券，但成功的，總是只有那麼幾個。當新聞媒體訪問一位大獎得主時問：「你是怎樣辨別出來的？你知道怎麼會是那一張彩券？」他答說，他曾不停的找，一直到他找到一張尾數號碼是48號的才停止。在問到：「為什麼是48這個尾數呢？」他回答：「因七個夜晚成一週，所以我夢想的數字就是7，而7×7則為48……。」

這個故事令人捧腹。得主本人搞不懂如何算乘法，且他注定弄不他所洋洋自得的那件事純屬機緣巧合。他是一個所謂「幻想控制」狀態下的受害者。通常人們曾誇大其詞到一種說他們有控制事件能力的地步。當事件的進展順利時，自我膨脹會進一步使他們有將成功歸之於自我乃天才的緣故。但事件的進展不順時，他們面臨了一個同樣惡劣的偏頗狀況，找理由下臺階——就結果編造理由，以維護其正面的自我形象。

除了由我們欲念所產生的這兩種偏差之外，人們也同時遭受大部分由我們心智活動所引致的預期效果的陷害。在我們知道問題的結果之前，通常我們都無法去重塑我們曾是如何在思考問題，因此我們可能在吸取適當的教訓上失敗，甚至在我們已小心翼翼的要防止找理由搪塞的情形下，也是如此，要克服這些由經驗學習的偏差，其困難度遠比大多數人所瞭解的還要高。

對經驗的錯誤解釋

決策時之所以會產生經驗的偏差，是因為企業主管對經驗進行了錯誤的解釋，結果導致錯誤的結果。

在下面，我們將審視那些會迫使我們去錯誤詮釋經驗的偏差，和如何去克服他們的方法。然後，我們將討論怎樣才能更務實地分析你所收到的回饋。如果你能瞭解你的偏差所在，知道如何去產生好的回饋，並能務實詮釋回饋，你就能持續性的將你的經驗轉化為可靠的知識——或許這是破天荒的第一次。你可能在兩種狀況中得出差異，一方面使你穩健的前進，度過一個長期的職業生涯；另一方面則是犯同樣的錯誤，歷史一再重演。

從經驗中學習並不是自動地就能學到。需要有深奧的技巧才辦得到。追根究底，經驗只能提供資料，而非知識。它所提供的是學習的素材。只有在人們瞭解怎樣去評估資料，知道它們在表示些什麼時，才可將它轉化為知識和決策。

美國著名決策大師，德魯賓斯在一九九九年國際著名決策大會上，曾經描述了下面一段被視爲經典的決策解說類比：決策如同臨床會診，需要「醫生」——決策者的會診技巧。

人們可不會像你所期待的，那麼輕易的由經驗中學習——甚至連那些聰慧的高度奮發精神的人也不例外。例如，一次一位臨床心理學家的研究曾顯示，能幹的專業人士甚至有多年運用某項標準診斷技巧之後，仍在改善其執業技巧上失敗。

在一次審愼的實驗中，有經驗的心理學家於兩組經驗較少的人中試著使用標準的班達視覺運動神經介斯達爾特測試，來診斷病人是否患有腦部損壞症。在班達．介斯達爾特測試裡，將圖形（諸如部分重疊的圓圈與三角形）展示給病人看，並要求病人用手將它們畫出來。研究結果顯示，如果病人的手繪圓呈現某些特點（例如不成比例的重疊或漏失交叉圖形），那麼病人可能就患有腦損害症。但相關症候是很難辨知的。這個測試也無法用電腦來計算分數；心理學家必須判定是否眞有重要的扭曲情狀浮現。而令人吃驚的是，有經驗的心理學家多年來使用這套測試的職業實績竟然顯示，他們在詮釋病人圖形上所知有限。

在實驗中三個互相對比的小組是：

①有多年經驗運用班達．介斯達爾特測試的心理學家。

②平均約有三年經驗運用這套測試方式的研究生受訓學員。

③有經驗心理學家的秘書助手們，他們全都瞭解這項測試的專有名詞，但在實際詮釋病人的圖形上既無經驗也無訓練。

拿一系列的病人手繪圖給每一組人看。所有的病人在稍後都給予進一步的診斷和檢驗，因此所有參加本次實驗的學者已知其中的哪幾種圖是由眞正的腦部損害病人繪製。各組如何做比較呢？

①富有經驗的心理學家正確的判斷病人腦部是否損害的比率是百分之六十五。

②研究生的正確比率是百分之六十七。

③秘書的正確比率是百分之七十。

換言之，心理學家診斷腦部損害的正確性竟比他們的秘書助手們還差。不言而喻，從多年來的測試及與病者的相處中，他們的所學有限。

請注意我們並不是在談那些平凡的庸碌之輩。這些心理學家雖然早就清楚這項實驗的結果會令人不敢恭維，但還是小心翼翼的參與這項研究。他們的問題是在將其經驗轉化成知識上力不從心。相比較而言，一位出名的專攻班達・介斯達爾特測試的專家是對的，他所達到正確率是百分之八十三，比參與實驗的任何其他人都高得多。他在學習上的成功是，因爲他已找到系統化的處置由逐個病患者所得到的回饋的方式，用以改善其技巧。而其他心理學家則在集中注意力於學習方面失敗，因此有所知甚少的情況發生。

決策者學習經驗的失敗，與心理因素也有很大關係。

不要找藉口卸責

因迷信經驗而決策失敗的人，總喜歡給自己找藉口推託，實際上是一種自我欺騙，完全沒有必要。

儘管在規劃一個行動與回顧一個經證實不錯的行動時，人們會熱切的高估其所具的控制力量，但在回顧一個經證實甚差的行動時，絕大多數的人同時也具有一種低估其錯誤的本能。爲了避免承認錯誤的痛苦，我們會找理由推託。我們可能是：

①扭曲我們實際做過或說過什麼的記憶。
②不切實際的抱怨其他人的失誤，或是假設性不可預知的狀況。
③說我們原先的預測被錯誤的瞭解或解釋。
④改變我們目前的偏好，因此失敗好像已經不重要（例如在被革職之後，職業上的失敗成功對你已變得不重要）。

自我利益爲中心的解釋通常看起來自然而然，整體看起來好像無懈可擊。它們使那些看來支離破碎的事物又連在一塊。但找藉口只能讓我們短期受益。你可以從錯誤中學習，只要你願意承認它們。因此用藉口搪塞是要支付很大的代價：我們壓制了我們生涯中最重要的不符合事實的證據，而它或許是我們所能接收到的最有價值的資訊。

例如某公司的新能源廠的成本低估問題。十個計畫案的平均超支為百分之一百五十三。要負責的經理們抱怨各種因素都不在他們的控制範圍內，由氣候惡劣到政策法規的修改，不一而足。但該公司的報告顯示，成本估計錯誤中的百分之七十四是有辦法追溯到一些可預見且可防止的原因。

當然，經理們找藉口的部分目的是，想改善他們獲得未來工作的機會。但無疑的是，他們從經驗所學到的比他們原來能學到的少（如果你真的必須給你的老闆一份有關為什麼計畫會失敗的誤導性報告，那你至少要在一份老闆看不見的卷宗裡記錄在下次你將有什麼不同的處理之道。藉口常是被我們的內在需要所迫，而不是說什麼真實的需要非如此向他人表白不可。絕大多數的時候，老闆們必須瞭解你行動上優缺點的均衡評估，才能顯出你對錯誤處理的務實態度）。

大多數的人都喜歡認爲是他們導致了成功結果，而當事情證明糟糕的時候，卻又喜歡找理由卸責，所以他們都患有一種能破壞有用回饋的偏差心理。簡言之，可以認爲：成功是因有技巧的緣故，失敗則是運氣差的關係。這可能是所有以自我利益爲中心來詮釋經驗最常見情況。

作爲一個企業的決策者應當切記：即使因經驗偏差失敗了也不要給自己找臺階下。

避免以自我為中心

迷信經驗、被經驗主宰的企業主管在決策時，尤其要避免以自我爲中心。就你的成功則洋洋自得，失敗則找理由卸責的偏差，你能採取什麼行動呢？首先你必須要自律——願意儘量的保持客觀。承認犯某些錯誤是不可避免的，一個絕不犯錯的人是不可能有大成就的。然後，試著用下列的方式從機會事件中精確的隔離出你眞正的錯誤：

①事先清楚的設定標準或重點過程表，以此明白界定成功，或是做一目標分析——明白列出你自身所期望或恐懼的結果——標出那些你至少能以預料後事能力客觀判斷的結果。

②事先列出，到何種程度，你相信自己的選擇能影響你努力的成果。

③問與此計畫無關的其他人，你的成功或失敗有多少成分是他們認為你該為你的行動受褒或貶的（在知道結果之前或後）。

④對有重複性的決策（人事上的選擇，新產品的推出，廣告上的投資等），要看看是否可用統計式的測試來決定在結果方面，機會所占的比重是多少，而明智選擇所占

的比重又是多少。

⑤週期性地列出你所遭遇的失敗；如果此表太短的話，就要注意向其他的人（那些不太仰賴你的人）討教一番。

⑥仔細分析由近期計畫結果而得的新資訊，它們如何迫使你對未來計畫已備妥的模擬情境做修正（如果你已知為一零售連鎖店負責一處新賣點，而你已知公司在某些地方所擁有的賣點價值已陡然滑落，此時你要研究別處所引發的價格滑落事件將如何影響你已為新賣點所製作的模擬情境）。

只有放棄以自我爲中心，你才能避開經驗的偏差，做出正確決策。

克服經驗的障礙

在一個快速變遷的環境裡，緩慢的學習會毀掉你或你的組織。雖然在科學上新的學習只能慢慢的進步，但富競爭性的企業可無法等那麼久，幸運的是，你能儘量降低這些我們所介紹過的偏差，只要你記住這些危險並努力克服它們：

①就哪些因機運而獲得的成功，不要陷入為其洋洋自得的陷阱。當你在某些事上功成名就時，要老老實實想清楚，你的哪些行動對你的成功有所貢獻，哪些可能不是。

在你做評估時，可要求其他人協助。

②當你失敗時，避免找理由搪塞。如果在你的失敗中誇大惡運的重要性，那你會錯失一次在你專業生涯中最重大的機會：由你無從避免非經歷不可的失敗中學習的機會。當你從令你不快的決策中獲得回饋時，要與其他人討論其重要性。複習你為未來所製作的模擬情境，決定它們是否該改變。

③借助於做重大決策時所記錄下來的期待事項，來儘量減少預料後的偏差效應。然後將真實的結果與期待中的相比較，考慮你該從中學到些什麼教訓。

簡單的幾個步驟就能在漫漫長路上有助於你的學習。然而，那些迫使我們去保護自我或陷入預料後事陷阱的學習上的純心理障礙，阻止我們從困苦經驗中學到明智教訓的並不是單單這幾項而已。

大體而言，這個現實世界似乎有意阻礙學習，通常能使我們從決策的結果中一點都得不到回饋，或者是我們所得到的只是一些偏頗或誤導性的回饋。幾個內在偏差，外加我們所獲得的大多數不良回饋，使得眞正的學習變成一項確實要下死功夫的挑戰。在決策中，只有好的經驗有用，而壞的經驗，只會使人誤入歧途。

在這個問題上，重視經驗是主要的，但不能偏信經驗。有些企業主管總是認爲自己的經驗最有說服力，但是過於誇大自己的經驗，本來有用的經驗法則就會成爲決策的障礙了。

第二十二招

自主

只有自我負責
才有自由選擇

一個人只有用自己的大腦，才能發掘出無數個「為什麼？」同樣的，一個人只有用自己的手腳，才能做出不被別人大腦重複的事情。拿手的東西往往能讓人羨慕地瞪圓眼睛。

面對相同或不同的事情，每個人都可以做出不同或相同的選擇；但是由於選擇之後，每個人的決策不一樣，所以才有了三六九等。

——美國管理學家喬治·杜卡爾

個人教條只能斷送好運

不管做出怎樣的決策，都應當是企業領導者「拿手」的決策，即是企業領導者比較擅長的決策，不是那種連自己都不熟悉的決策思路。而教條的毛病所在就是死腦筋，看不見變化。一個企業主管如果用「死腦筋」去做決策，等於決策的自殺行爲。

決策工作無疑是一位老闆所遇到最困難而又最常見的事情。因爲決定一項抉擇只有在已經掌握了許多事實的情況下，做了許多個別判斷之後，才能保證有絕對成功的把握。掌握全部資料也就成了很多決策者孜孜以求的理想。

傳統的決策理論也諄諄告誡老闆經理們，當他們面臨重大決策，面對一大堆複雜的資料時，應當認眞將這些數據資料不厭其煩地記錄下來，把所有有關的因素加以衡量，然後才能從許多種完成工作或達成目標的方法當中做出正確的決擇。這種過分依賴數據、資料的作風過去被譽爲最穩妥的決策作風，但在現代來看，它卻往往使企業陷入被動。

美國一位著名的管理學者這樣批評這種保守的決策作風：「有哈佛ＭＢＡ學位的人是注定要失敗的。因爲即使他們已經掌握了百分之九十五的資料，還要花上六個月去調查另外百分之五的資料。等他們收集到這些資料時，大部分都已經過時了。」

在市場競爭日趨激烈的今天，市場行情可謂風雲莫測，瞬息萬變；由於市場不確定性和風險存在的必然性，任何一名決策者都不可能百分之百地預料到對抗的準確結果。企業克敵制勝是建立在一定概率基礎之上的。敢於冒險，才可以贏得時間，想在先、計在先、算在先，根據系統狀態和系統目標的不同而選擇實現目標的最簡捷手段和方法。商家忌「紙上談兵」，就是反對刻板死守成規、不懂靈活選擇獲勝的方法和手段，說穿了，不可將目的手段相顚倒。以手段爲目的，則會拘泥於生搬硬套書本上的理論和教條。

作爲企業的決策者，往往是大權在握，負責的都是全局性、高層次的工作。與基層人員接觸的機會就少了，親自進行調查的事情更屈指可數。這樣，就把自己不知不覺地與現實情況隔絕，這對企業經營決策是很危險的，長期以往，必將承受失敗的惡果。

別相信「常情推理」

如果企業主管喜歡「常情推理」那是走決策捷徑之路。

我們每個人都需具有做決策的捷徑，就如同我們需要決策框架。如果缺乏「常情推理」的話，我們就無法搞定在每日生活中必做的估計與選擇。舉例說，你可能在常理上會授權屬下參加跨部門的預算會議，除非是你在議程上見到有其他具決定性的議題時，才會例外地親自到會。要取代這種常情推理方式的唯一可行方法，就是仔細研究何時你將要參加跨部門的預算會議，收集齊全每一次會議的議程，然後再做出深思熟慮的決策。無人能——或可說無人嘗試——在每一個問題上都做這種審愼決策。

所謂常情推理是決策時的啓發式教育法。常情推理與其他啓發式辦法可大大地讓判斷過程簡易化。你甚至搞不清楚，你絕大多數時間所運用的常情推理究竟是些什麼。儘管在運用它的時候你並不清楚，但你至少還是根據一些隱含的規則在辦事。

不幸的是，用這套方式辦事會對你造成困擾。當你處理一項不適用這種方式的問題時，你可能會繼續運用那似乎順理成章的常情推理辦法。你的常情推理將成爲潛在性的傷害因素，絕非成功的保證。

誤導的捷徑將會帶給人們錯誤的情報，能使整個決策過程出軌脫節。**在資訊與情報收集上最具危險性的兩個決策方式是：**

①對那些最現成可得的資訊付出太多注意。

②過度死抱著某單獨統計數據或事實所形成的意見，自此思路受到擺佈。要成爲一個合格的決策者，既不要過於自信，也不要依靠「常情推理」，否則會被引入歧途，錯漏百出——本以爲是條捷徑，卻彎彎曲曲始終看不到成功的盡頭！

規則不是金科玉律

在做決策時，決策者常常要遵守某些既定的規則。有一些簡單的決策規則，在做決策的動作上佔有極高的地位。在能掌握的時間有限而問題又太複雜，無法做實際「細節分析」的解決方案之際，每一產業或專業知識界都有其常情推理規則，來指導人們處理問題。這些規則提供一些在任何場合都適用的決策。但人們誤用了它們，深信常情推理規則就如同千眞萬確的事實一樣，怠於瞭解在什麼時刻他們該做一獨立細部分析式的決策。

很多專業人士發展了一套強而有力的題庫式常情推理規則，運用這套規則通常較能獲得良好的決策，遠比別無其他助力的直覺感效果好。舉例說，中國大陸商業不動產界人士的守則是「拐角地段的價值為兩個接連地段之和」，因為它在地利上的能見度較佳。寶鹹公司曾創立一條常情推理的規則是：「當要推出一新產品上市時，在顧客口味上一定要呈現二比一的優勢勝過主要的競爭對手。」

很多產業在定價上運用常情推理規則。例如餐館業者通常是以原料成本乘以三當成售價。當然，理想的狀況應是在長期上有最大利潤。儘管在理論上簡單易行，如果眞要做到這樣，在實務上則是極爲複雜的過程。因此捷徑式的決策廣爲各界採用。在下頁的表中列出更多生意界所用的常情推理規則以供參考。

如果你想決定如何將你的拐角地段或你餐館菜餚訂價的話，那你可能該找出一個與企業界常情推理規則相一致的解決方案，除非你已發現強而有力的證據，證明採行其他替代方案更爲有利。這些規則可能具體的包含那些你用任何其他方式所無法全然吸收入決策過程的睿智。

但過多的專業人士以機械的態度來援用常情推理規則，甚至在他們該做一個審愼的獨立判斷時也是如此。其他的人則是對爲什麼能預測何時半失敗的規則的瞭解不足，因此導致失敗。

某房地產經理的功成名就主要在於，他至少與一條常情推理規則唱反調的緣故，從某一角度看來，他認爲這個規則是鬼扯。一條歷經時間考驗受尊崇的商業化不動產常情推理規則是：「沒有房客不要動手蓋建築物」。但他瞭解當地公司對倉庫的空間有極大的需求，但在倉庫蓋好前他們又不情願先簽下租約。他以投機冒險的方式大蓋倉庫，發了財。

企業上的常情推理規則通常有：

(1)在寫廣告時所用的句子不要超過十二個字。

(2)負責執行決策人應成爲決策過程中的舵手。

(3)公司所有的重大計畫皆予以命名，讓每個人都能輕易的聯想到一組共同的目標。

(4)絕不對首次出現的人事問題下判斷。

(5)不經過一夜思考絕不開除員工。

(6)爲了使你下一個工作的薪水升到最高：

①讓他們先開口提。

②要比他們提的多加百分之二十。

(7)將你的房子在春季推出上市：所有的房子中百分之七十一的銷售發生在四至七月。

(8)一年中最多制訂三至五個公司目標。

(9)整數會招致討價還價，通常會被還個整數價。帶零頭數更強硬與穩固，而較少討價還價的意味。

(10)所有的期待中要有百分之二十的悲觀數字在內。完成一計畫的時間要高估百分之二十。所期待的結果要低估百分之二十。

絕對不要將以上任何一條常情推理規則認爲是金科玉律而不敢違背。常情推理規則是有其存在價值的。但若是處於任何全新狀況下，後面所列舉的決策程序將可使你得心應手，遠勝過盲目追隨簡單的常情推理規則。規則不是金科玉律，不能成爲企業領導決策的條條框框。

個人決策

人多聲雜，需要一人來定調，來指揮。這是企業決策的道理。看起來，企業主管在做決策時，像個樂隊指揮！

決策是人腦的智慧的結晶，但是並不是說每個員工都能給企業做出決策，充其量，他只是決策的參考者。眞正最後的決策者，還是企業主管。日本著名企業管理學家土光敏夫說：「決策，是不能由多數人來做出的。多數人的意見只能聽聽，但做出判斷的只是一個人。」這一個人，當然指的是企業主管。毫無疑問，企業主管的決策就是個人決策，是企業該往何處發展的重要支撐作用。

個人決策是指在選定最後決策方案時，由最高首長最後做出決定的一種決策形式。個人決策的特點是決策迅速，責任明確，而且能夠充分發揮企業個人的主觀能動性。可是這類決策往往受領導個人本身的性格、學識、能力、經驗、魄力等的制約，所以有其局限性。

企業是由許多人構成的，每個人都有自己的看法和思想。這是寶貴的精神資源，但是，假如這些看法和思想都比較零碎，甚至還上升不到決策水平，那麼就急需要超過他們的高層次的決策者出現，當然，這個任務是由企業主管來完成的。事實上，世界上有許多企業的發展都是由個人決策創造的，眞正由於個人決策的準確性，才使得企業效益獲得質的飛躍，甚至把一個瀕臨垂危的企業救活了。

在前面我們提到的盛田昭夫發明隨身聽，就是他通過精確的市場分析後，堅持個人決策的結果。吉利刮鬍刀系列產品也是吉利在市場競爭中個人決策導致的結果。這樣的事例太多。我們關注這樣一個事實：企業離開個人決策是萬萬不能的。通常正是因爲個人決策發揮了重要作用，給企業創造了可觀的效益，企業主管才是眞正的實力派，贏得職員們的尊敬。

美國著名決策大師卡爾斯克利說：「個人決策——尤其是那些企業主管的個人決策的地位絕不容忽視，因為這是企業的靈魂所在。更重要的是個人決策是企業發展的指南針！」

在這裡，儘管卡爾斯克利省略了「正確的個人決策」這樣一種界定，但卻是不言而喻的。至於那些不正確的個人決策，可能有兩種情況：一是由於企業主管水平和能力有限而形成的，二是由於企業主管存在私心。本來，在現代企業中，如何讓主管發揮自己的個人決策就是管理的重大問題。不管怎樣，存在這樣一個基本事實：「無論在何時，企業主管有權表達自己的個人決策，這是他對企業應盡的責任。但是就國內企業的實際情況而言，有許多領導在決策時，往往把個人的私念滲雜進去，從而使個人決策變得自私、自利，是十足的個人主義表現。」

決策越大，主觀性越大

企業決策所需的個人主觀程度，直接和企業領導者在公司中所占的位置成正比。組織最低層人員所面臨的決策，通常只需要極少的說明，並且只提供很少數目的方案，而且大多為預先已決定的，沒有新的突破。而組織對他們，亦不真正期望獲得新的投入——只要根據既定績效的產出即可。

然而，當我們沿著組織金字塔往上攀爬時，我們遇到的決策者在其決策過程中，對新的期望逐漸地增加。作業手冊逐漸喪失用途，而政策性的指導原則逐漸有用。要想列舉各人所面對的各種情況的工作，愈來愈不實際，甚至愈不可能。而對判斷性的新投入，愈來愈需要。

同樣地，一名企業領導者的地位越高，則他所接觸到的個別而精確——或者亦可說「數字」性的量度就越少。當較高層的職員面臨決策時，他們編寫的非例行性的特案分析與專案報告，逐漸增多。而且，一個企業領導所占的組織職位越高，則他與出資者就越接近，而受到與股東權益值有關之任何決策所影響的程度，愈為明顯。換句話說，一個人在組織中的職位越高，則他的決策對公司之未來，影響越大。

大多數的重要決策是來自出資者的，而其所做最重要的決策，當然爲是否投資（或繼續投資）或中止投資。決策愈重大，則其可用的定量數據愈少且愈遠離，定性資料則愈爲重要。此時，決策者的各種知識、背景、能力、訓練和經驗，日益成爲其決策能否成功的關鍵因素。

給個人決策打分

既然企業領導是決策者，就需要對他的決策方案進行正確評估。沒有對決策的評估行爲，即使企業走上迷途，也無人問津。如何給企業領導的決策打分呢？即如何看待他決策的對錯呢？可以這樣回答：只要正確決策的影響大於錯誤決策，就是合格的；反之，則是不合格的。

要以長遠的眼光來管理。當然，你必須爲短期利益的機會而投資並且解決短期的問題；但是，企業出資者評判其企業領導是否稱職的依據，是其創造的長期投資報酬率。

作爲一位企業領導，你必然長期地累積了所有的正確的與錯誤的決策：到最後，你在該段期間內的所有評論是：你所有正確決策之影響可否勝過所有錯誤決策之影響呢？有三個因素決定了你是否是一名合格的企業決策者的這項答案：

(1)判斷力：你是否有足夠的能力、經驗與毅力，以做最佳的決策？你的選球力如何？

(2)決斷性：你是否有做決策的勇氣？你能否說服別人接受你的決策？你是否感受到「鑽入牛角尖」的困境？你能勇敢地說「是」或「不」嗎？你是否願意奉獻自己去主動決策呢？

(3)時間：有了上述兩個決定因素所需的定性與定量能力之後，所需的就是充分的時間去主動決策，以使得出資者可以在足夠廣大的資料基礎上，計算你的決策成果。你是否有此時間？你鍛鍊成爲優秀的決策者，需要多久的時間？

決策，尤其是企業決策事關重大，要求企業領導者既要謹愼，又要有風險意識；既要有短期估算，又要有長遠計謀；既要正確預測，又要打破常規，一切圍繞市場運作，這就是企業決策的特點。有人說，根本不存在兩個完全相同的決策，只存在不同的決策大腦。是的，企業領導的大腦是決策的中樞神經系統，要使企業煥發生機，全繫於兩個字「決策」，決策就是管理的心臟，只有那些既尊重決策規律，又活學活用，對自己的企業認認眞眞、明明白白的企業主管，才是合格的決策者，才能在決策的引導下，創造高額的企業效益，塑造站得住腳的企業形象。

國家圖書館出版品預行編目資料

決策高手22招／安略編著 .—— 二版 .——臺中
市　：好讀 , 2011.06
面：　公分，——（商戰智慧；01）

ISBN 978-986-178-194-5（平裝）

1. 決策管理

494.1　　100008191

好讀出版

商戰智慧 01

決策高手 22 招

編　　著／安略
總 編 輯／鄧茵茵
文字編輯／葉孟慈、莊銘桓
內頁設計／鄭年亨
發 行 所／好讀出版有限公司
台中市 407 西屯區何厝里 19 鄰大有街 13 號
TEL:04-23157795　FAX:04-23144188
http://howdo.morningstar.com.tw
（如對本書編輯或內容有意見，請來電或上網告訴我們）
法律顧問／甘龍強律師
承製／知己圖書股份有限公司　TEL:04-23581803

總經銷／知己圖書股份有限公司
http://www.morningstar.com.tw
e-mail:service@morningstar.com.tw
郵政劃撥：15060393 知己圖書股份有限公司
台北公司：台北市 106 羅斯福路二段 95 號 4 樓之 3
TEL:02-23672044　FAX:02-23635741
台中公司：台中市 407 工業區 30 路 1 號
TEL:04-23595820　FAX:04-23597123

初版／西元 2001 年 7 月
二版／西元 2011 年 6 月 1 日
定價：250 元
如有破損或裝訂錯誤，請寄回知己圖書更換

Published by How-Do Publishing Co., Ltd.
2011 Printed in Taiwan

ISBN 978-986-178-194-5

讀者回函

只要寄回本回函，就能不定時收到晨星出版集團最新電子報及相關優惠活動訊息，並有機會參加抽獎，獲得贈書。因此有電子信箱的讀者，千萬別吝於寫上你的信箱地址

書名：決策高手 22 招

姓名：＿＿＿＿＿＿ 性別：□男 □女 生日：＿＿年＿＿月＿＿日

教育程度：＿＿＿＿＿＿＿＿＿＿＿＿

職業：□學生 □教師 □一般職員 □企業主管

□家庭主婦 □自由業 □醫護 □軍警 □其他＿＿＿＿＿＿＿＿

電子郵件信箱（e-mail）：＿＿＿＿＿＿＿＿＿＿ 電話：＿＿＿＿＿＿＿

聯絡地址：□□□ ＿＿＿＿＿＿＿＿＿＿＿＿＿＿＿＿＿＿

你怎麼發現這本書的？

□書店 □網路書店（哪一個？）＿＿＿＿＿＿＿ □朋友推薦 □學校選書

□報章雜誌報導 □其他＿＿＿＿＿＿＿＿＿＿＿＿＿＿＿

買這本書的原因是：＿＿＿＿＿＿＿＿＿＿＿＿＿＿＿＿＿＿

□內容題材深得我心 □價格便宜 □封面與內頁設計很優 □其他＿＿＿＿＿

你對這本書還有其他意見嗎？請通通告訴我們：

＿＿＿＿＿＿＿＿＿＿＿＿＿＿＿＿＿＿＿＿＿＿＿＿＿＿＿＿＿＿

你買過幾本好讀的書？（不包括現在這一本）

□沒買過 □ 1 ～ 5 本 □ 6 ～ 10 本 □ 11 ～ 20 本 □太多了

你希望能如何得到更多好讀的出版訊息？

□常寄電子報 □網站常常更新 □常在報章雜誌上看到好讀新書消息

□我有更棒的想法＿＿＿＿＿＿＿＿＿＿＿＿＿＿＿＿＿＿＿＿＿

最後請推薦五個閱讀同好的姓名與 E-mail，讓他們也能收到好讀的近期書訊：

1. ＿＿＿＿＿＿＿＿＿＿＿＿＿＿＿＿＿＿＿＿＿＿＿＿＿＿＿＿

2. ＿＿＿＿＿＿＿＿＿＿＿＿＿＿＿＿＿＿＿＿＿＿＿＿＿＿＿＿

3. ＿＿＿＿＿＿＿＿＿＿＿＿＿＿＿＿＿＿＿＿＿＿＿＿＿＿＿＿

4. ＿＿＿＿＿＿＿＿＿＿＿＿＿＿＿＿＿＿＿＿＿＿＿＿＿＿＿＿

5. ＿＿＿＿＿＿＿＿＿＿＿＿＿＿＿＿＿＿＿＿＿＿＿＿＿＿＿＿

我們確實接收到你對好讀的心意了，再次感謝你抽空填寫這份回函

請有空時上網或來信與我們交換意見，好讀出版有限公司編輯部同仁感謝你！

好讀的部落格：http://howdo.morningstar.com.tw/

請填妥後對折黏貼，直接投郵即可，無須貼郵票。

廣告回函
台灣中區郵政管理局
登記證第 3877 號
免貼郵票

好讀出版有限公司　編輯部收

407 台中市西屯區何厝里大有街 13 號
電話：04-23157795-6　傳真：04-23144188

沿虛線對折

購買好讀出版書籍的方法：

一、先請你上晨星網路書店http://www.morningstar.com.tw檢索書目或直接在網上購買

二、以郵政劃撥購書：帳號15060393 戶名：知己圖書股份有限公司並在通信欄中註明你想買的書名與數量

三、大量訂購者可直接以客服專線洽詢，有專人爲您服務：
客服專線：04-23595819轉230 傳眞：04-23597123

四、客服信箱：service@morningstar.com.tw